U0182318

玉见

张允 著

清华大学出版社
北京

图书在版编目（CIP）数据

玉见 / 张允著 . — 北京 : 清华大学出版社 , 2022.10
ISBN 978-7-302-59633-2

Ⅰ . ①玉… Ⅱ . ①张… Ⅲ . ①玉石 – 文化研究 – 新疆
Ⅳ . ① TS933.21

中国版本图书馆 CIP 数据核字 (2021) 第 254111 号

责任编辑：宋丹青
封面设计：今亮后声
责任校对：王凤芝
责任印制：曹婉颖

出版发行：清华大学出版社
　　网　　址：http://www.tup.com.cn，http://www.wqbook.com
　　地　　址：北京清华大学学研大厦 A 座　　邮　　编：100084
　　社 总 机：010-83470000　　邮　　购：010-62786544
　　投稿与读者服务：010-62776969, c-service@tup.tsinghua.edu.cn
　　质量反馈：010-62772015, zhiliang@tup.tsinghua.edu.cn
印 装 者：北京嘉实印刷有限公司
经　　销：全国新华书店
开　　本：130mm×185mm　　印 张：6.625　　字 数：97 千字
版　　次：2022 年 10 月第 1 版　　印 次：2022 年 10 月第 1 次印刷
定　　价：45.00 元

产品编号：072372-01

新疆大学

新疆历史文化旅游可持续发展重点实验室支持

序

幻爱和田玉

一直想要看到这样一本，与和田玉有关的书。

它告诉我和田玉的成分、成因、来历、分布，它的样貌，它的形态，它与我们平常所说的石头的区别，它与其他玉石的差异，不是简单的化学元素罗列，也不只是地质报告分析，它既照顾到了这些基本，这些现实，这些干燥的事实，却也并不破坏属于玉、属于和田玉的那种浪漫，那种温润，那种奇幻之感——和田玉是大地的礼物，大地的纪念品，是山的微缩，是地的集萃，是地球深处的温度和压力的提要，是时间的结晶。

它告诉我获取和田玉的方式、渠道，如何挖掘，如何筛选，如何看透，如何打磨，如何雕琢，如何让一块石头，逐渐呈现它晶莹的内在，而这期间，要经历无数的痛苦、失望、谎言、欺骗、惊喜。而它一旦被识别出来，一旦被雕琢成器，一旦被凝视、被把玩，就再也回不去了。它凝结一个时代的财富流动，审美起伏，以及兴衰明灭，直到它慢慢湮灭，慢慢消失。这简直像一个寓言，一个和人生、和生命的旅程有关的寓言，我们都是在生命中到处挖掘，到处雕琢，让人和事成为我们的纪念物、黑匣子，直到它慢慢湮灭。

它告诉我和田玉的商业门道、流通方式、话语话术，以及那些对明眼人来说，可以一眼洞穿的局，还有商人们之间的博弈、密语、欲言又止和心照不宣，以及玉石市场的神话与传说，失败和落魄。有人借助和田玉的流通，在现实中飞升，有人因为和田玉，充实了自己的人生内容。这些传说和神话，是新疆都市神话的一部分，更是和田玉的一部分，它像一团雾，笼罩在新疆那些赭色、黄色、红色的砖木房子上，笼罩在那些寂静的街巷，也笼罩在波斯菊和大丽花、八瓣梅盛开的花园里。

它告诉我与和田玉有关的历史、往事，与玉石有关的鉴别系统、文化系统如何产生，从西王母的时代，一直到明到清到现代，玉何以成为玉，玉又如何渗透到中国人的生活当中，为什么会被写进诗里歌里，以及小说里。

和玉石有关的这个文化系统，这些诗歌这些小说，这些话题，这些传说，是比玉石本身更让人迷恋的结晶物，是中国人为什么会成为中国人，中国人又拥有什么样特质的最好说明，而说明的方式，也是中国式的，不明说，不直给，而是给出扑朔迷离的象征性情节：有人衔玉而生，他的命运早早被书写在一块石头上；有人想象出一座晶碧之城，有人看见玉石在光晕中亦真亦幻。

它也告诉我，与和田玉有关的那些人的故事，挖玉的或者卖玉的，男人或者女人，有绰号或者没绰号，他们的命运，他们的惊喜，他们的叹息，他们在新疆大地上怎么生活，怎样说话，怎样经营，怎样交朋识友，怎样慢慢扎根，是单纯喜欢玉，还是为了倒腾玉石，以此置办起一个有葡萄架的院子，一辆可以在戈壁上穿行的车，安顿好家人的身心。他们的故事，写下来就是小说，带着新疆特有的味道，和那种特有的节奏。

即便有玉石，新疆也不在话语的中心，和田也不是被关注的焦点，这些人，这些物，注定要散轶在干燥的风里，不留下一点痕迹，哪怕有玉为证，有玉为伴。但凡有人捡拾起这些故事，也如同捡拾到了玉石，这些故事厚实闪亮，不亚于一块白玉或者青玉。人的灵魂，一块土地的灵魂，就藏在这些玉石一样的故事里。

张允老师的这本《玉见》，就是这样一本书。对她来说，与玉石有关的知识，不是读出来的，不是干燥的、规整的、排列好的数字和名词解释，而是经历出来的，是日常生活，日常话语，是信手拈来，看似漫不经心，却足够深重。

一次次在玉石市场闲逛，一次次和卖玉石的老汉闲聊，一次次有所发现，有所听闻，日久天长，才能有这样的举重若轻。玉石的形成，需要时间，与玉石有关的知识，也不是一蹴而就的速成，而是日久天长的渗透。对新疆人来说，玉石是有根的买卖，玉石的知识是扎根之后自然而然的馈赠，慢慢就懂了，慢慢就知道了。而扎根，才是最难的事，不论何时，不论何地。

而张允老师也在她的书里，一次再次提到"玉无价"，玉石看起来是有价的，其实是无价的，它的价格是无价之价，而"无价"，正是现代生活的一剂解药。玉石也是无主的，它只是在我们生命中流过。它是大地给出的一个幻觉，来历和去向都不明。我们可以握住它，却无法掌控它。"无主"，是坚实而细密的现代生活里，一件不可思议的事。

西蒙娜·薇依说："把金钱当成各种活动唯一或几乎唯一的动机时，把金钱当成衡量一切事物的唯一或几乎唯一的尺度时，人们到处都下了不平等的毒药。"在四处密布的"不平等"中，无价的、无主的玉，经受着人们对它的定价、膜拜和买卖，以及短时间的拥有，却依然保持着超脱的姿态。爱玉石的人，也是借助这种超脱的姿态，经受着现实生活的定价，却也逃离了这种定价，被现实的欲望束缚，却也把这种欲望变成一种较为晶莹、较为轻盈的象征。

作为和田人，作为一个在玉龙喀什河（如今它差点因为玉石变成一个千疮百孔的大峡谷）边长大的新疆人，我喜欢这些文字，喜欢张允老师对"玉石生活"的这种参透，这种描述。一些句子，瞬间会让我幻身移动，重回那个白杨树在午后发出清脆响声的夏日，也重回玉龙喀什河破冰奔涌的春天，以及那些曾经拥有过玉石，握住过玉石的日子。如今它们已经涌向宇宙深处，只留下不知藏身何处的玉石。

而那，或许就是爱。

韩松落

目　录

第一部

石头记

初到市井

虽然和田玉很早就出了名，但是在古代，和田一直都没有玉市场。"登昆仑兮食玉英，与天地兮比寿，与日月兮齐光。"从屈原的诗里我们知道，玉最初是供给皇帝吃的。吃昆仑玉是皇家的长寿之方，所以古时候是不允许老百姓随便采玉的，当然也就更不可能有玉市场了。在古代，最困难的事是如何把数十吨的玉运往京城。相传，是由死刑犯在冬天的地面上泼水成冰，再用垫枕木等方式一步步挪动，如果天气热了，便把玉就地掩埋，为了封口还会将犯人斩杀，等来年冬天再重新起运。如此循环往复，几个甚至数十个冬天之后才可能把玉运出玉门关。或许，正是这样的残忍和困难才使得玉更加金贵。

林则徐在日记里提到过，说天山干沟的一段山脉里有几块在乾隆时期运往京城的玉，因为太重，到了这里怎么也抬不起来了，皇帝只得准许不必再运送。后来林则徐再看到时，那几块玉已经蒙垢已久，几乎看不出来是玉了。现在，这几块玉可能还在干沟的荒山中，蒙着厚厚的风沙，等待后人前往发现。

采玉更不是老百姓能随便做的事。"官未采玉，禁人辄至河滨者。"夏天洪水裹挟着玉石一路奔走，要等秋天水小了才能在政府的组织下开始采玉。

过去，这种活动叫作请玉。古时候的和田人，都是在玉龙喀什河河道里捡玉，或者用脚在水里"踩玉"，踩玉其实就是找籽料，也是人类从大自然手中请玉的一种方式。

后来人们发现了矿，才有了大规模的采玉。到了清代，玉矿开采规模加大，很多人被政府招募，他们被迫在极为恶劣的自然条件下，使用极简陋的劳动工具开采玉矿石。

有个旅行家在新疆玉龙喀什河的古河道边上，看到过一块石头，一个清代的山西人在上面刻了字："某某人在此采玉受难。"在海拔四千米的山上凿玉则更为辛苦，新疆且末县那个据说开采了七千年的古矿坑边，想必有更多玉工心酸的笔画。

现代机械化作业堪称抢玉，尤其是 2000 年之后，玉价一路高涨，人们开始雇挖掘机下河道滥采，导致整个河道满目疮痍，如同"白蚁穴"，甚至连历史上的古河道都未能幸免。2006 年左右，玉龙喀什河道被挖下去十几米深，后来实在没法挖了，人们开始转战农村庭院。玉商先是捡、买，后来发现很多人家的院墙是用石料伴着泥巴修建的，便开始拆院墙。一两年间就把各家院墙重修了。再后来升级到如果你家住在古河道附近，就会有人来帮你翻新整个房子，顺便再打个十几米深的地基坑，把你家地下也翻个遍。

现在因为环境保护律令的出台，政府已经禁止大肆采挖河道，而河道也实在没有玉了。

从千里之外奔赴和田买玉的人，要想在集市上收到好的籽料已经不太可能了。不是说没有玉，而是总有有钱的玉商，开着豪华的房车，带着巨额现金，在当地等着卖主上门。这些垄断上品玉的商人基本上是不还价的。

一块好玉进到城里的玉市场时，通常已经是第五六手了。

第一手籽料一定在当地的长者那里。在新疆一些少数民族聚居生活的地方，无论是从年龄还是从资历上来讲，总会产生一些家族首领式的人物。实际上，在现代社会中，他们很像农村合作社的董事长，掌管着分配和决策的事务。

玛丽艳村是古河道通往沙漠的入口之一，村民在改造沙漠的同时自然也能找到一些玉石。这些村民世代居住在此，早已经是一个共同体了。在村里长者的安排下，他们会集体出工，二十四小时不间断地轮班，长者每天早上会到工地检查收获情况。通常，他们会将最好的留下，然后按照当天的支出计算成本，划定其他籽料销售的总价范围。之后长者会离开，由负责人将剩下的籽料按照销售总价分堆，明码标价。当然，每一堆籽料都有好有坏。有幸抢到一堆的人，会立刻把抢到的料放到一个铁皮敲制的大圆盘上。有些石头上粘着很硬的沙子，他们会用砂纸或者钢丝球将其打磨掉，然后再分堆或者直接零卖。

在这里卖玉的人有两种，一种是将石头放在圆盘上或者汽车的后备厢里，自己坐在旁边，哼着小曲，晒着太阳等买家。你若来问，他就会淡淡地说一个大价钱，你若还价，他会说："走吧走吧，你随便转转去吧。"这种卖主的手里是有好货的，天天来是因为要为价钱找主。还有一种是手里拿着玉，走到一个个新面孔前问："这块好玉要不要？"这种可以还价，但东西并不是好东西。这个市场虽然有假货，但人们不太说假话。如果你问皮子是不是真的，他们会明确地告诉你真假。

常见的假货是假皮子。皮子这个概念是在籽料上产生的，指的是玉的表皮被氧化或者被其他矿物质沁入后形成的颜色，往往色彩绚丽，有秋梨皮、洒金皮等。很多人都以为这皮是千万年来一直都在玉上面的，其实一般来说，籽料在第一次出水或者出土时几乎是没有皮色的（经过河道变迁、日晒雨淋的除外），但是经过氧化或者用核桃油或橄榄油一盘，皮表便会附着氧化后的颜色，再盘半年，颜色日益饱满，这时的玉才算出落了。

古河道的籽料可能因为多次出水、多次打磨，皮子的颜色相对比较浓艳。最浓的要数黑皮。黑皮玉因为经过数百甚至上千年的河道变迁，反复被泡晒，氧化程度高，所以颜色重。盘这种玉的皮色是最有成就感的，最好先盘其中的一片，这样就很容易通过对比看出效果。如果对造型已有打算，可以先盘要留下来的皮，盘到皮色枣红，里面的玉色有点儿透出来时是最美的。当然，这种黑皮籽料的价钱比较贵，采购这种籽料需要承担的风险也比较高。

盘小白玉籽料的洒金皮也很有成就感，但是洒金皮太容易被人误解成假皮子了，因为从水里出来就在玩家自己手上盘的玉是绝对不会被转让给他人的。如果从他人手里买来一块已经盘过的玉，一般要先用温水每天洗一段时间，把别人的汗渍、油渍、打的蜡等都洗净，将玉清理透了再盘，要不总觉得是在闻别人的臭手，或者觉得自己的玉透着一股粗粗的汗味。

完美的真皮子会让你不敢相信，于是鉴别皮色的真假就成了一个必须掌握的技能。简单来说，真皮的颜色是有过渡色的，假皮的颜色色调则比较统一，只不过有的地方上色了，有的地方密度高没上去，有石浆的地方着色重。这是最容易识别的办法。在鉴定书上，这类假皮子会写着"颜色成因不明"。如果有幸盘过几块籽料皮，仔细观察一下皮色，你就会发现，因为有核桃油的作用，真皮子的色泽会更加饱满。好在在这样的产地市场，当地人一般是不会骗人的。

在和田当地买玉的多是有经验的玉商，他们往往会雇本地翻译。实际上，这些人也承担着经纪人的角色。这些翻译熟门熟路，首先，他们会让你换便装，最好是没有什么特点的衣服；其次，会让你坐他们的破车去市场。翻译还会告诉你，如果有看上的玉，不要轻易还价，不是怕还价了最后又不买，店家会把你怎么样，而是怕这价被炒起来了以后给自己心里添堵。曾经有一个行家，因为好不容易才来到这里，激动得看到一块好玉就问价钱，等他盘算完，开始还价的时候，旁边围上来一群凑热闹的人。不管他给什么价，旁边总有一个人说："我在这个价的基础上再添一千，我买了。"几分钟之内，这块石头就在这群人的嘴上转了一圈。当然，价钱也涨了几千。这时候，不管买不买心里都堵得慌。因为籽料是独一无二的，不买心不甘；买吧，价钱又上来了几千。当然还价的人心里一般都是算好的，知道多几千你也会买的。就这样，玉市场养活了不少用嘴巴挣钱的人，这种不用掏本钱就能挣钱的现象可能是独一无二的。

　　玛丽艳村的玉石市场可以说是比较有序和稳定的，卖家也比较固定。总闸口的市场则是另一番景象。

　　总闸口之所以还有玉，是因为每次泄洪都会翻起千疮百孔的河床，将淤泥翻一遍。等水冲走，就会留下很多玉石，但这种能被水带上来的多是小料子。当地人在泄洪时会纷纷赶来，带着坎土曼，在这片公共的宝地上和别人一起捡石头，因为到底是谁先看见、谁先拿到手的而争得不可开交。在总闸口，人们发现的玉石一般都是裹着泥浆的。在泥水里冲刷一下，再靠岸拿清水冲洗干净，玉质就已经很明显了。等玉石干了以后，用手沾上油一盘，很快就能看到皮。当然，也有一些玉质过于细腻的籽料不容易有皮色，表面只有细致的小孔。

　　这些玉都会被拿到旁边的自由市场上。买家在成千上万的石头里走一遭，心里就有数了。他们通常会若无其事地走出来，到远远的地方或者车上，告诉翻译自己看上了哪块玉，心理价位是多少。翻译就会扎进市场，把买家要的宝贝找出来，并与店家讨价还价。他的酬劳便是其中的差价。

　　翻译不是只有少数民族，在乌鲁木齐市场，也有一些汉族翻译。这一点充分证明了市场是买方市场还是卖方市场。早期，在老二道桥市场和华凌露天市场，由于从南疆来的卖家比较多，而且汉语水平不高，所以就有了翻译。但现在他们不是以翻译的身份出现，而是以玉石爱好者的身份在市场上转。

　　王师傅就是这样一个翻译。他在一家国企食堂做工，只负责中午饭。所以每天下午三点多，他就会准时出现在市场。他会先把今天谁出摊了、谁有新货了搞清楚，然后在市场进口处与人聊天，等有汉族买主走近时，他会主动与买主聊天，聊自己对玉石市场的认识。由于他本身就懂玉，又理解买主的心情，很容易就能获得买主的好感。随后，买主很快就会发现他可以用维吾尔语很专业地和各位摊主砍价，于是，在他了解买主需求的同时，买主也会很快地依赖上他。如果你仔细研究翻译和摊主的对话，会发现一般程序如下：

　　"老板，这块石头他看上了，我的拍档子（抽成）怎么算呢？"

　　"你说吧，要不还是两千给一百？这个得三千多呢。"

"这个人估计可以出四千，你赚得多，咱们按两千抽两百吧。"

说着，他伸出一只手，对方也伸出手拍一下，表示同意。然后，他会转过脸来对买主说："这块石头的成本我知道，估计低于四千不卖。这几天总有人来打听这块石头，你看你能不能出？"

程序一般不会变，价钱也不会离谱。由于语言差异，很多买家总觉得不懂语言会吃亏，再说这里要价总是高得离谱，这种上来就说成本的价钱倒也省了麻烦，于是很容易成交。第一次购买的玉石价位合适，很多买主会主动联系王师傅再来买玉。王师傅也会表现得很真诚，总是不忘嘱咐买主一句："打了镯子给我一些边角料，也不枉我辛苦一场啊。"

这种翻译隐藏得比较深，也不认为自己是靠翻译挣钱，他们对自己的定位是每天来市场淘玉的玩家。他们认为，通过这种方式，他们既熟悉了市场又欣赏了玉，既与卖家联络了感情，又找到了下家买主。实际上，他们很少真正买玉，也是一种用嘴就能挣钱的商人。与挖玉、开矿的辛苦相比，劳心者的优势不言而喻。

不过，翻译只出现在原料市场，所以，只有原料市场是需要翻译的。在华凌楼上的玉饰品市场，你看到的基本都是其他地方的手艺人或他们的亲属，而在楼道和顶楼卖原料的多是和田人。

当石头进入了市场，就要按照市场的价值判断。就像贾宝玉，不论是补天的奇石还是那多出来的一块废料，到了人间就成了宝玉。

当昆仑山系的玉石
统称为和田玉

　　玉在没有进入市场之前，就是石。之所以这么说，不仅是因为玉本身就是石的一种，更重要的是，玉进入市场以后，价钱里包括了所有与它同期挖出来的卖不掉的石头的成本。所以，很多老行家都会这样说："砍价时把它当石头，买回来要卖时把它当玉。"

　　最初，和田玉是指西起喀什，经莎车、叶城、墨玉、和田、于田、且末，东至若羌的昆仑山、阿尔金山北坡长达一千五百千米以上的狭长地带所产的，由镁质大理岩与中酸性浆接触而形成的透闪石矿（主要包括白玉、黄玉、青白玉、青玉、墨玉等）。这个概念在古代就有，不过那时候叫"羌玉"。

现在玉器界有一种说法：只要是昆仑山一带出的透闪石矿都叫和田玉。这主要是由于和田地区玉源匮乏，尤其是玉龙喀什河的籽料，不足以支撑市场的需求。用几个玉老板的话说，就靠那点玉，和田玉文化早就干枯了。于是，出于市场需求，商家促成了和田玉的概念合并。但是，大家也不能否认，新疆境内或者说昆仑山北坡的透闪石矿有特殊的物理属性，基本上靠肉眼就可以被识别，所以真正的玉石爱好者还是会将和田一带产的玉与青海料、俄罗斯料区分开来的。由于俄料和青海料多是山料，储量巨大，加上质地与和田玉有所区别，所以想通过买玉来实现保值的人还是会千方百计地选择新疆料。尤其是和田籽料，其他玉石难出其右。

透闪石这种石头不只新疆有，广西、贵州也有，其他国家，如瑞士、美国、意大利、俄罗斯也都有，但这些地方产出的石头，仅仅是物理成分与和田玉一样而已。其他地区的玉基本都做了玻璃、陶瓷的原材料，只有俄罗斯料在成色上与和田玉最接近。受昆仑山南北日照及气温差异的影响，昆仑山南北玉石的差异也比较明显，因为昆仑山北麓基本都在中国新疆境内，于是和田玉一度成为昆仑山北麓出产的透闪石的专有名称。

不过，因为"和田"这个名字与行政地域名称重合，所以"和田玉"还是吃了哑巴亏。青海料和俄料的支持者总是说，矿产怎么能以行政地域来划分呢？

和田玉价格攀升之后，广西、贵州的罗甸玉和韩料开始混杂在内地的大小玉石市场上，只不过它们白得像是用石粉压出来的，色泽粉黄，并不能占据市场高端位置。它们的出现，与其说是推动了和田玉文化的普及，不如说是推动了青海料和俄料的市场价格。毕竟，俄料和青海料至少还算是玉料，也比其他地区出产的玉石更有冰洁感，尤其是俄料，其煞白的色泽常常让新手爱不释手。

各种空间里的玉石商圈

2010 年前后在乌鲁木齐的玉石集散地，主要有两个原料市场，一个是位于西虹路华凌汽配城的露天市场路对面的楼上的几层玉器市场，顶楼还有个每逢周六的时候便很热闹的"巴扎"。每到周六，电梯就很难挤进去，不是因为人多，而是因为石头太重。位于五楼的玉器交易大厅里，把石头一堆堆摆在地上、用水壶喷着水的基本都是南疆来的农民。不过，他们手里的好料子早被旁边柜台的坐商挑走了。这些商人会把料子仔细地排列在一块黑丝绒上,给它们打上蜡再卖。一般他们的柜台旁还会放一个密码箱,表示有更好的东西。另一个玉器市场在新开业的明珠花卉市场里,门外多是石料,厅里玉器比较精致,但人很少。

面向游客的玉器集散地则主要集中于南门和友好路两个地区。南门一带因靠近二道桥民街的玉石市场,加上又是新疆本地的玉雕世家店面的所在地,所以一直是新疆比较成熟的玉器市场。这里辐射至大巴扎市场和大十字商圈甚至南郊客运站。北边则是友好路,新疆玉器城和珍宝楼就雄踞于友好路两侧,旁边还有极具权威性的地矿局。这个商圈里有不少玉作坊,很多人买了料就直接在旁边的作坊加工。现在,这个玉商圈的成员越来越多,近年来,附近又多了玉满楼等几个新集散地,所以经常可以看到有巴郎(维吾尔语,指小孩子)怀里捧着一块石头去一家家柜台前转悠。这些商圈楼楼上的店铺与其说是玉店,不如说是茶馆,安静的楼道里总能闻到茶香。这里基本没有什么客人上来转,店主要么在门上留了电话,要么在店里专心喝茶盘玉,很少有吆喝买卖的。偶尔有几个顾客在里面,也大都在谈论中国文化、官场规则、办公室风水等一些不痛不痒的话题，好像玉本身已经不那么重要了。一楼的店面倒还在兢兢业业地做玉生意，时常会有一车车的游客冲进来，买一堆摆放在店门口的一折玉器。当然，在此之前，他们会先观赏观赏店里那几块镇店的真正的和田玉，惊呼价格之高，然后义无反顾地冲到门口的打折柜台，抢购那些连昆仑的边都沾不上的玉器。这种生意是赚不到什么钱的，所以商家一般都不说开张。只有卖了和田玉才叫开张。哪怕是有很大利润空间的俄料和青海料，在商家眼里也不算正路货。这里有一句话——"三年不开张，开张吃三年"。这既是说玉价虚高，也是说真正的上品和田玉，玉价会在三年里翻好几番。有人说，买真正的和田玉，要放三年再拿出来看或者卖才有意义，也是指这个意思。

在红山等商业圈里，或者商场里的金银柜台附近，也有一些零散的玉店。这种不针对游客零售的玉，很难杀价，基本是按照标价卖。如果你看上一块玉，打算用其中的一点瑕疵和人家讨价还价的话，你一定会碰到很精绝的回答："幸亏有这个瑕疵啊，要不你能在新疆用这个价钱买上玉？"这种卖方市场的思维逻辑会让很多内地人郁闷，好像消费者很理亏，是故意来砸场子似的。

杀价最厉害的玉石交易地点是酒店停车场和街角。偶尔会有几辆桑塔纳或者比亚迪停在路边，开着后备厢，上盖拉着一道铁丝，铁丝上挂着各种吊坠或者项链，下面则摊着几块石头。在这种地方，你都不用找瑕疵来还价，谈价钱全凭感觉，和石头本身无关。

在这个玉石市场，你会发现即便是不懂汉语的巴郎，也会劝你留个微信号，一来用语音比较方便，二来可以经常给你发一些石头的图片，加强市场联系。由此可见，玉石市场的热闹和巴扎已经有所区别了，从人际网络到虚拟网络，玉石交易的路径也在与时俱进。

在新疆，一些大学的玉石鉴定、雕刻专业早已成为热门，有的学校甚至设置了专门的玉石营销专业。不仅如此，玉的交易物也变了。很多时候，巴郎会说，这块石头值一辆桑塔纳，那块石头值一辆越野车，当然，大多数的石头只值一辆小货车。如果不嫌麻烦，可以先去二手车市场淘换旧车，然后用车换玉。总体算下来，还是很经济的。

这些玉石市场，本地人很少去，不过有一个特殊的地方，很多本地人也会到那里去看玉，那就是博览中心的石头展。在新疆，每年都会有几次这样的商展。因为有专家免费鉴定玉石，所以去的人很多。在这些展览上，可以看到产自全国各地的玉石。在博览中心外面的露天摊位上，基本都是一家几口坐在地上，旁边摆着一地的石头。这些石头基本都是外地料子或者新疆的山料，一般都不上油，原汁原味。有的摊主会支起柜台，不过作风依旧豪迈，会把成百的镯子拴在一起，还会把镯心这类原材料放在旁边卖。还有人卖下脚料，堆一大堆，每块卖几十元，大有批发市场的感觉。戈壁石英石（金丝玉）的料子也很多，不过要价都比较高。至于展览中心的室内展厅，里面的每一件展品，从楠木到檀香，从翡翠到和田玉，全都骄矜地躺在柜台里，或者在灯光下转着圈，连山寨版都躺得很认真。

没有展览的日子，也有几个堪称展览的地方可以去，那就是新疆本土玉雕大师的店。这些店大都位于乌鲁木齐的繁华地段或酒店里。这些店里不仅有玉雕展示，更有精品新疆玉的展柜。

有一个媒体工作者，由于多年痴爱玉石，在北京路搞了一个玉石博物馆。从巨大的和田玉原石到各种山料，从商代古玉到现代各路各派的名家雕件，从展品到卖品，馆里一应俱全。更难能可贵的是，馆主还承办了一本关于和田玉的杂志，不论这份杂志是否盈利，这至少是其对当代和田玉文化的普及和积累的一个尝试。

不过，本地人基本不会去上面提到过的那些地方买玉。因为玉无价，质量等级和喜好又很难用物质的概念去界定，所以大多数人更愿意找熟人担任顾问或者担保人的角色。因为同样的原因，生客很难对卖家产生信任，所以卖家也更愿意找熟人来买。当然，这种情况是在懂玉的前提下才有可能发生的。

吴老师很早就开始接触玉。当年，他帮一个南疆的孩子上学，孩子家长是做玉生意的，就给了吴老师几块玉。那是 2000 年前后，玉还不是很值钱。到了 2004 年，玉价猛涨，吴老师便向几个朋友推荐买玉。因为收购了玉后再赚钱的心比较急切，吴老师的推销几乎变成了强卖。几乎他所有的朋友都买过他的玉，多是拿去内地送礼用了。一来二去的，朋友们凡是小范围聚会都不敢再请吴老师，大家还会讲起自己如何被强买的经历。吴老师也不着急，反正他赚到的本钱已经让他家的各个角落都堆满了籽料，其中不乏珍品。到了 2009 年，玉原料短缺，玉价陡然上升，市场上几乎见不到真正的和田籽料的时候，吴老师又开始了新一轮的联络。开头一定是这样的："老朋友，当年卖给你的那块玉还在吗？怎么样？我对你不错吧，不喜欢的话我两倍价收回来行不？哈哈，告诉你，现在十倍的价钱也买不上了，你好好留着传家吧。我也就这么点儿本事，现在知道我的苦心了吧。送人了？！可惜啊！下次有好的我帮你留意着。"就这样，现在如果再有聚会，朋友们肯定要请吴老师。大多数人都面临家庭储蓄如何保值的问题，对于这一点，吴老师当然是建议买玉了。还有一些人面临人情礼品的问题，答案当然还是玉。

也有人买玉不靠熟人，刘姐就是这样一个自立自强的玩家。凭借自身的文化功底和女人的直觉，她认为新疆人不收集好玉实在可惜。在和各种玉专家、玉商打了一通交道后，她最终的选择是自己去淘。无论是好是坏，底线是自己喜欢。即便是买回来以后发现价钱给高了，也会因为自己喜欢而觉得值了。有一段时间，她喜欢买手机挂件，不讲质地，仅仅要求是真籽料，买了就挂一起，每天欣赏。没过多久，她的手机就被石头淹没了。后来，她又开始喜欢上雕工，办公室的桌子上总会有一块籽料石头，有点儿闲暇她就琢磨，一旦想出好主意，就立刻奔赴加工厂。

买玉不靠熟人的人很少有这么幸运的，刘姐主要是因为前期专家的知识普及到位，再加上后期讨价还价时比较理性，所以没怎么上过当。很多玩家都有一大笔血泪史，那都是学费。

当上贡的神物成为商品

　　神物是不能估价的，其实礼物本来也不是能用价格来衡量的。价格和价值的区别就在这里。

　　作为新疆人，一旦出疆办事，最好的伴手礼似乎就是和田玉了。当年西王母赠送给穆天子的就是玉。红枣、枸杞的品质固然很好，但是其他地方也有；哈密瓜、葡萄又太不方便携带；只有和田玉是新疆独有的，而且很难估价，携带方便，所以成了很好的礼品。都说玉是有文化附加值的，但我始终觉得今天的玉在商品价值上体现增值比较多，而在文化上体现的增值多是比较重的功利性。不说带有宗教色彩的佛、观音雕件和千篇一律的镯子，且说那把件，除了"代代数钱"就是"代代封侯"，要不就是"府上有龙""一路登科""冠上加冠"，总之就是离不开现世现报、有求必应。不知道是这种社会文化培养了玉市场，还是玉市场影射了社会文化。

把和田玉当作伴手礼也存在一定的风险。因为市场太混乱了，很多商家在旅游购物的地方会打一折出售。游客带着几十的玉镯回家，大大影响了和田玉的名声，也容易使打折的那个品牌变成伪劣产品的代名词。所以送玉一定要送高档的、独具特色的、一眼能看出是好玉的，而且必须要带标牌。当然，还要有鉴定证书。如果缺其中一样，就会在打开盒子时看到别人半疑半信的眼神，还不如不送。从这个层面讲，送籽料是最佳选择，因为籽料最容易识别质地和价钱。另外，籽料可以直接用肉眼来鉴定，其本身也是和田玉的最佳代言。只不过籽料太少有，价钱也太高，加上其独一无二的特性，收到籽料的人往往不会再送人，大多都像心肝宝贝似的收藏起来了。

　　我见过几个河南玉商，他们最初基本都是在河南学做玉的，具有一定的开拓精神和市场意识。多年以前，他们背着一袋子总价也就值几百元的河南玉雕件来到新疆，在当地人还没有和田玉的市场概念时就开始摆地摊。在河南与新疆往返几次之后，他们有了门面，开始收购真正的和田玉。等和田玉金贵了，他们又开始大量囤积俄料。现在，他们都已经有了很大的门面，店里的代表作都是和田玉，甚至还拿过几个大奖。但是他们店里卖的都是俄料，对此大家也不避讳，都理直气壮地卖着广义的和田玉。这样的营销就连科班出身的人都未必能做得到。有品牌就有发言权，他们卖的就是带这种品牌附加值的俄料。最重要的是，很多囤积了俄料的玉商一起将俄料市场做开了，做到即便大家都能区分俄料与和田料，但鉴定书上的物理属性和品名都是一样的。这些玉商也意识到了现在玉雕市场的刻板和同质化，所以创造出了卷心菜这样的玉雕作品。不过他们会起个好听的名字，比如叫"包你发财"。有这样好的寓意，产品当然大卖。这也算是一种玉文化，但是对这种玉雕文化我是不能理解的，就像贾政对宝玉的鞭笞和培养，与其说是让他适应社会，获得认可，不如说是毁了宝玉的灵性。

卖玉的也不只是守着新疆这么几个商圈，很多人已经把玉带到北上广去卖了。当然，这也需要有关系。所谓关系就是在新疆玉市场建立过买卖关系，之后会通过电话联络，遇到合适的玉以及合适的价格便约到内地见面交易。毕竟玉和一般的商品不同，灯下不看玉几乎是大家默认的不成文的规定，而电脑和相机对光线的传达都不如眼见为实。这种必须见货交易的往往都是比较大的单子，带着货去需要保证玉石安全和资金安全，有时也要冒生命危险，毕竟这可是动辄数十万的交易。生意上还有一种套路，那就是吊胃口。很多内地商家，等你真到了反而不急了，因为吃住成本加往来费用会让你承受不住，而且玉这东西你没法当街甩卖，所以他们会找各种理由不见你吊你几天。等再见时，卖家的耐心和承受力已经大不如前了，这时谈价钱往往只要赚个差不多就能成交。不过，如今的玉市场由于货源短缺，卖家也很精明了，往往在出发前就会打电话说已经到了，然后找各种理由让买家以为他找了很多下家。等火车哐当到了，买家也着急了。用新疆当地的俗语说，这叫"熬鹰"，是训练老鹰耐心的一种办法。

在北疆，戈壁石英石的雕工一直不够精细，但现在的商家已经找到了很多窍门，毕竟玉雕比赛也让作品创作者和持有人参赛，所以很多商家都会请人来创作镇店之宝。比如请上海师傅利用戈壁玉的油黄皮子雕烧鸡，简直是惟妙惟肖，连骨头关节的白都有，赛后还可以高价卖给广东一带喜欢在家里摆神位的人。还有很多用戈壁玉雕生姜的，取名叫"一统江山"。这些都可以说是把玉的特质和市场文化紧密相连的典范之作。一般来说，戈壁玉原料的价钱不到成品成交价的百分之一，这种溢价就是知识的溢价。越是有充足原料的市场，往往更需要发挥创造力和运作能力。

作为商品，雕工占了报价的很大一部分。在玉雕行业有句话："没有不好的料，只有不好的工。"尤其是青花这样本身具有图案的料子，更需要巧借天工。长期以来，雕工是以师门传技的方式进行的，所以很容易就形成了各地市场的各类风格。在新疆，好玉都是送到苏州、扬州、上海去雕摆件的。那里的师傅雕工细，而且具有创造性，大多以中国特色的山水、文人雅士为题材，但是工钱极贵，一般按料的克重计算，价格多以万为单位。其实从商周开始，皇家玉雕一般都在古都附近。到了清代，因为苏杭一带专管皇家贡品的织造制作，加之当地城市经济兴起得早，有很好的市场环境来促进工艺发展，便逐渐有了今天的玉雕市场。

新疆本地名家的创造性也不错，尤其是以痕都斯坦玉器出名。它是具有阿拉伯风格的一种雕刻工艺品，在清代贡入朝廷时大受赏识，可以说是难得的异域玉文化。清代乾隆之后，这种风格渗入民间的玉器雕刻中，其很多花纹被中原玉雕借鉴采用。另外，广东、北京、安徽工也很出色，大多以做工精细见长，把件做得很好，价格也不低；再次就是河南工和本地的各类作坊，他们大都有固定门面，技巧熟练，但是"惟手熟尔"。这些匠人有的以花鸟见长，有以龙龟见长，各有千秋，多适合做小挂件或者手工雕玉镯，价格则在大几百到大几千。有的师傅手底下学徒多了，也会开工厂。学徒是包食宿的，基本没有工资。以前，新疆本地人很少学玉雕，现在渐渐有从南疆来乌鲁木齐学玉雕的孩子。有人形容现在的南疆不仅人人知道玉，而且大家走路都是低着头的，鞋子都是鞋尖先烂。且末县为了普及玉文化，从小学三年级就开始培养学生对玉文化的兴趣和了解。不甘于做原料开采的体力活，开始以工艺求生存，确实也是一种进步的表现。

有关和田玉的传说，除了西王母赠玉之外，几乎没有什么民间版本，人们似乎无法贸然为它配个合适的故事。昆仑山的玉英从史前文明时期就有了，并且通过玉石之路一直传到了南美洲。中原文化中，和田玉地位之高在周代就已无出其右者，却一直没有在产地形成玉文化。二十一世纪的《福乐智慧》里说遍了日月百花甚至十二星宿，但对财富的描述始终离不开金银，偶有提及石头也是作为财富的反面语，如："珍珠没有离开水时与河里的石头没什么区别。"虽然十一世纪的和田玉在中原文化中的地位已经得到了巩固，可是在其产地的巨著里竟然没有提及一字，可以说是件值得琢磨的事情。靠山吃山时并没有一些崇畏，如上山砍柴一样，而曾经这柴连烧火都嫌烟大，居然还有人高价买走去做摆设，本地人心里可能还好生奇怪呢。历史上，于阗和高昌还差点因为玉龙喀什河爆发战争，原因是谁都不想要这条经常发洪水的河。最近，有人撰文说今后哪个人家里没有玩玉都不好意思说自己有钱，弄得跟暴发户似的。真的很难想象到底是我们的文化回归了，还是玉的文化价值升高了。一思考就觉得自己的逻辑有问题。

有一点可以确定，在玩家眼里，拥有一块玉龙喀什河的籽料是毕生的追求，每一块籽料都是前世的约定；在商家眼里，石头上打上"和田"二字就意味着收获，每一块玉的成交都是眼光和创作的增值。

"都道是金玉良缘，俺只念木石前盟。"当这种几千年来专用于上贡的神物在今天成为地道的商品，于市井商海中沉浮，被涂脂抹粉、作价待沽，不能不说是一种悲哀。

和田玉籽料都是孤品和珍品

　　到和田买玉的人基本上是冲着籽料去的。在且末做黄金的老陈一辈子坚信——只有黄金才是保值的。他家里存了大量的黄金，可眼见身边的人都在买玉，他也忍不住尝试着换了一些籽料，结果几年下来又碰上黄金大跌，才真正理解"盛世藏玉，乱世藏金"的道理。还有不少姑娘将买到的籽料当作嫁妆。随便一个好籽料挂件的价格，都比一克拉以下的钻石高，更不用说与黄金比，就连一个山料的玉镯都可能比黄金手链贵。

　　和田最好的籽料都出自玉龙喀什河，但这条河从黑山起也就几百公里的长度，河床被掏空了十几米，有些地方都掏到基岩了，说起来也就和田机场没动过，连机场旁的地都被挖到十几米深，现在还能看到堆起来的石头墙。在玛丽艳新村的沙漠改造开发区，无数台挖掘机为了寻找籽料，把二十米左右的沙山推开。在那里，有人做过这样的计算：挖掘机每操作一下的成本是三元左右，而把二十米高的沙山推开要多少下，又能挖出多少籽料来分摊这些成本？最关键的是，你要能找到籽料。所以，真正做玉的人不论花费多高都是要存籽料的。

　　买籽料也分很多种。有人买玩籽就要比较完整的籽料，可以直接把玩的。这种一般比较小，可以直接做吊坠，或者凑一些做手链。现在，这些都成了奢侈品。一般小籽料多是白皮，也就是用手电筒让光线从侧面进入可以感受到其皮色下带着白色浆皮。玩籽如果是没有白皮的就很贵，白皮被氧化成洒金皮的也不错。和田有一家专做籽料的老板于几年前收藏的一串半红皮半白皮的玩籽手链，到今天已经是无价之宝了。

　　还有一些稍大的籽料，比如两百克左右的可以做把件，如果成色有点欠缺则需要雕琢，所谓"玉不琢不成器"。这种籽料因为一点裂缝或者瑕疵，价格会减很多，所以没有好创意或者技艺不好的工人是不会碰的。这也叫"作料"。秦老师家存了很多这种籽料，因为他的几个外甥、侄子都在学习玉雕，有的在职业大学学习，有的在作坊学，有的被送到了扬州跟着名家学习，所以这么些年，他家里存的几乎全是这种可以做把件的籽料。籽料的形状一定要厚实，把件不同于挂件，太过平面就不容易上手玩了。对这类籽料加工的人往往并不急于动手，因为山外有山，见得越多越不敢太轻易，怕失手毁了料子。这种籽料做的把件是最经得起把玩的，因为工人要推敲，所以每天都把它捏在手里看，更容易改变其皮色。秦老师总去买带瑕疵的籽料，因为这些瑕疵使得这些籽料的进价比同质量的都要低很多，有的甚至低几个档次，但是一经创意加工，出手时价格却可以升几个档次。用句时髦的话来说，这也算创造了一个市场空间吧。

　　再大一些的籽料就是摆件了，经常被用来观赏、触摸和琢磨，中小型号的可以摆在书房的桌案上。这种籽料对质地的要求不太高，对石形的要求较高，往往皮色比较厚。有的更是由于经古河道冲刷后被埋在沙里数百年，之后再经河道变迁、被冲刷，如此往复，所以皮色较重。如果它的一个角被磨得透光，露出点儿本色，那样子真是"犹抱琵琶半遮面"。我们可以比较清楚地从这种摆件的石尖上看到一道道平行的裂缝，这也是此类籽料的特征之一。皇帝的玉玺用的应该就是这种尺寸的籽料。

更大些的籽料那都是镇宅或者镇店之宝了，一般只论玉种，不怎么计较成色。这种大型籽料但凡成色好的都是无价之宝。一般一块像牛奶箱大的都有二十多公斤重。这种籽料往往不是很精致，但是会因有点儿石色或者裂缝更显沧桑。有人说大籽料在水里磨的时间短，所以价格低，小籽料打磨时间久所以价格高。其实不然，籽料的尺寸和当初掉进水里时的尺寸有很大关系，而且小块的更容易被水冲到下游去，大块的被冲走的机会比较小，所以不能以尺寸论品质。从这个角度来说，只要是和田玉籽料都是孤品和珍品。那种大到没有被水"搬动"的多数就成了山流水，它保留着山料的性状和表面纹路，没有被岁月打磨得非常光滑的皮。

市场上流传着一句话叫"十籽九裂"，很多人说是因为籽料在河里碰撞容易产生裂缝，实际上还有一个原因，就是籽料能留存下来多数是因为其密度高，而密度太高的玉在高温时的砂轮上打磨时，由于温度差很容易产生后天裂缝，这种裂缝如果不是很明显的话，经过长时间把玩或者因本身的密度和压力会逐渐淡去。

当然，也不是所有的和田玉都有很确定的升值空间，通过对籽料的市场分析，影响其升值的最重要原因是产量因素。籽料的成因不明，导致其产量本身就少，加上过量开采及市场需求等原因，所以具备升值因素。从这一点看，山料是没有独特性和产量限制的。但是，也有人说，籽料是次生矿物，是从山里冲下来的碎玉，至今我们还没有找到和田籽料的"娘家"，也就是说原生矿还没有找到。北疆戈壁玉全是所谓的籽料，还没有听说过这种石英岩质所在的矿床产出山料矿的。而且这种戈壁玉一般都在戈壁滩的表面，所以只听说过在这里捡石头，虽然也有人挖过，但收获很小，而且在土里埋的质地都不如太阳晒的。它和和田玉是很不一样的。

在离玉石市场很远的水磨沟路，有几家比较大的玉石加工厂。加工厂里有一院子的山料矿，一排平房里各种机器轰鸣，机器全是磨盘样的，打开一看，磨盘就更像跳棋棋盘了，里面的玉块如棋子一样大，合上磨盘，再转出来时就是一个个籽料，叫"磨光籽"。这种籽料是没有毛孔的。听说这种籽料要在金刚砂里面添加玛瑙碎末来磨，这样磨出来的籽料表面才有润度。这种没有毛孔的籽料在市场上往往会被装在一个个长条的洗衣盆里按粒来卖。

还有青色的玉石籽料是按堆来卖的，介于鹅卵石和青玉之间，似乎是砂场的废料，大小、形状各异，这种虽是天然的，但因为不够精致，所以并不讨市场喜欢。

而外地人最喜欢的是一堆堆的把件一样大的石块，往往也是青色的石头，在上面挖一个坑，类似石窟。里面雕着佛像或者飞天、金蟾之类的，仔细一看内容都一样，听说是用微波压出来的。这种石头可以做装饰挂件，冬天去的话批发价几元一个，但是在北京或者河北的一些古玩店，一个可以卖到几百元，大约是因为石头本身或者雕件的题材让人有踏实的感觉。

籽料的赝品除了磨光籽以外还有很多种，首先就是那种油乎乎的两三公斤的籽料，一般都是青海料的山料碎块，打磨成籽料的形状后再用火烤其表皮加工所成。透闪石是不能用火烧的，这样会褪去玉质变成石，但是表皮经过火烧出石纹后就会像和田玉皮了，这时，整块石头看起来是干涩、枯裂的，若再用油炸一下，上个色，那么，一个油光水滑的籽料就做出来了。而点睛之笔是在它的表皮上开一个小眼，这样露出里面的白玉质地就更完美了。甚至有细心的工人，还会用金刚砂在石头表面打一些毛孔，整旧如旧。不过这种毛孔细看就像被沙子枪打出来的，一片一片，很生硬，长的都一样。现在造假技术已经登峰造极，连树脂都用上了，但毕竟是人工的，容易识别。

即便籽料的假货最多，人们还是追捧籽料，根源在于籽料的唯一性。就像有人随身佩戴多年后，也很少舍得更换一样，还有人只要石头离身就睡不踏实。而且不论是石尖上的碰裂纹还是加工中的热裂纹，"十籽九裂"一词更是让籽料增添了独一份的溢价。这个词语的原创者清楚地道出了籽料的特征，并四两拨千斤地将它变成了籽料的标签，不得不令人佩服。

一白遮百丑

　　羊脂玉是白玉里的最高级别，通常是白玉的籽料。偶尔有些山料，特别是来自海拔比较高的山里的，也会有达到羊脂般的色泽和密度的白玉。

　　其实羊脂玉的色泽并不是我们通常理解的煞白，而是类似于羊油的颜色和感觉，是暖色调的乳白，看上去非常柔润，可是摸上去即便是薄薄的一小片边角料也坚硬无比。

　　比羊脂品级差点的就是高白，也就是我们说的冷色调的煞白，这种料子的籽料也很金贵。这类籽料白度很高，从光泽来说比青海料的玻璃光看上去要柔和许多，而且密度也比较高，至少看不透，看不出纹路。其他密度不够但颜色够白的被叫作一级白，这些往往密度不够高，所以可以看到纹路，山料会比较多一些。接着再往下评就叫白玉了，而后就是青白。其实从籽料来看，很多白玉的籽料尤其是大件带点皮的，通常会泛点儿青，行家说鉴籽料要用电筒侧着照，顶着白光的籽料打出的镯子也白，而籽料偏青色可能是光受折射率的影响。白玉在任何年代都是价值最高的，所以分得也很细。在嘉庆年间的公文里可以看到官员把收集到的玉以品种不同分成白玉、白玉子，葱白玉、葱白玉子，青白玉、青白玉子，青花玉、青花玉子，青玉、青玉子，各有几块，各重几斤几两几钱几分写得清清楚楚。现在已经没有葱白玉这一说了，反而在白玉前加了羊脂玉。市场上还有些白皮籽料里面裹着比较透的白，叫荔枝白。

　　山料也有好白玉，最有名的是九五于田料，是 1995 年在于田县（古名"于阗县"）发现的海尼拉克玉矿。这种料子现在已经很少见了，虽然并不能确定它是最白的山料，但由于名气大，偶尔出现也能开出天价。阿拉玛斯玉石矿是目前出产白玉的比较有名的矿，采玉从戚家坑到今天，山上的白玉基本被采罄了，逐渐过渡到了青白玉。当地人说由于且末的山高，大气压强大，所以产出的白玉密度好，其中有些山料的白玉已经达到羊脂玉的密度和白度了。而且玉石玩家都说且末玉越戴得久越白润，这一点俄料是很难比的。

一般来说新疆白玉的矿点都比较小，大点的山料白玉矿历史上总共也就开采了几处，现在经过科学探测已开采了一百多处，好的矿脉有几十米，不好的才几米。且末多是青白玉，看起来泛青但打出来的东西返白，这也是且末玉呈青白的原因。且末玉由于密度大，所以是脂粉堪与羊脂媲美的山料。

前两年有一个且末的牧羊人无意中发现了一块石头尖是白色的，于是便悄悄往下挖，果然发现了一个玉矿脉，他每隔几天便敲下来一块玉石拿到市场卖。在且末，哪个矿出什么石头，基本上人人都非常清楚，对这种新料的出现自然很在意。有有心人就跟踪了这个牧羊人，于是没多久，一个村子的人都去那儿挖，为此还惊动了政府。但因为这个矿脉是只有几米的熟矿，挖完自然没有下文了。

不同于新疆白玉的稀缺，俄料白玉和青海玉甚至韩料都蒸蒸日上，充斥着整个市场。俄罗斯等国虽不太讲玉文化，但是由于其地理原因，也有比较丰富的玉石矿藏。俄料在历史上叫鬼玉（狄玉），产自俄罗斯境内的东萨彦岭、维基姆河流域。由于这些年新疆玉矿资源匮乏，很多玉商就去俄罗斯进料，采集的多为白玉和碧玉。俄料白玉的透闪石含量多数在91%以下，所以润度不够，时间长了会干涩、发暗。但是俄料也有好玉，在矿脉中心的透闪石含量会比较高。俄料通常来说密度会低一些，白光比较瓷，容易看见纹理，像没煮熟的白米稀饭。而且俄料的糖色偏褐色一些，不够鲜亮，相比起来，俄碧的颜色则纯净一些。

青海玉这些年也比较常见，表面闪烁着玻璃般的光泽，容易识别。2008年北京奥运会的奖牌选用了青海玉，更给了它一个正名的机会，以青海玉为代表，凡昆仑山山系附近出的玉都被鉴定成了和田玉。从此，"和田"不仅仅是一个行政地名，更是昆仑山南北各种玉的一个前缀称号了。在准备奥运会时，很多商家就已开始囤积青海玉和俄料。到2010年，俄料已经在大家的努力之下名列和田玉系列，在玉石鉴定书上被列为和田玉了。

　　韩料又白又细,但是由于硬度不够,所以质地比较脆,敲起来声音也不够清亮。有时还会遇到在鉴定书上写为和田玉的韩料。现在由于和田玉基本断货,俄料和青海料的价格早已堪比和田玉了,所以韩料也开始占据中低端价位的市场。

　　以上这些料子都至少是透闪石或者含有玉的成分,因此在鉴定书上写成和田玉也是有一定物理依据的。还有一种料子,很多人只看鉴定书上的品类,却没有注意上面的几行字——光线特征和放大检查,真正的天然石料的光线特征一定是非均质集合体,而放大检查则是纤维交织结构。可是听说有的玉器的鉴定结果写的是均质集合体及纤维点状结构,这种料子是商家常说的"蒙外料"。有些没经验的买家一听以为是蒙古国的料子,是延伸到那里的昆仑山产出的。实际上,业内所指的"蒙外料"的意思是蒙外行人的料子,是内地有经验的商人将在新疆找到的山料废渣,粉碎后用胶灌注成板状,再直接批量生产镯子,这种镯子质地极细,刚面市时赚了很多行家的钱。现在这种玉器多出现在旅游市场,或者是摆在大街上被兜售。

巴玉主要面向低端市场，来自巴基斯坦，多用来做茶具摆件，质地酥脆，属于蛇纹石，用小刀刻画会有划痕，掂在手上没有分量感，行家称为"不压手"。

还有一种东陵石，也被商家叫作东陵玉，很白，但是分量轻，颜色有点像稀米汤，透明度高，将手指放在镯子内侧能看到光影。这种材料所做的镯子放一段时间不戴会显出裂纹来，是质地干的缘故。

并不是所有非和田玉的白石头都不值钱，有些还具有比较高的升值空间，比如宝石光。这是北疆戈壁玉的伴生矿，表面的纹路和光泽像丝绸，多是白色或者透明，红色的比较珍贵一些。它在欧洲通常被用来加工制作首饰，光在其切面上反射强。鉴别它最容易的办法是看皮或者用手电筒，手电筒照时这种石头就会立刻聚光并且亮度非常高。这种宝石光一般会被牧民装到小塑料袋里论个卖，价钱比较高。这种石头个头都不大，真正的价值在于加工后，由于目前它的加工市场并不成熟，所以还没有体现它的价值。现在大多数的北疆玉店都用宝石光做项链挂件，但看上去很粗糙，完全没有体现出宝石光切面光反射的魅力。

　　都说白玉无瑕，但那只是一种完美的境界。现实中的籽料除了很小的可能无瑕，作为石，总是会有瑕疵的。最常见的是水线，往往像是一根根比较浓的玉浆甩出来的纹路，由于密度高所以会像脉络一样清楚。这种水线一般来说颜色不会有太大的反差，应该不算瑕疵，只能算是一种样式。作为石头，白玉另一种比较明显的问题是密度问题，那就是石花。石头总是有纹路的，但是如果密度小，纹路清楚，那就叫棉，有点像棉花云，影响观感。但有一个叫风雪夜归人的雕件，用这些点点石花做了雪夜的景，非常贴切和巧妙。还有一种问题是浆，即没有熟的石粉。通常浆在籽料面上表现为裂或者是像钉子头一样的楔子。浆在雕件里都是要剔除的，很难借用它来表现什么题材，算是脏。还有裂，如果在镯子上有裂就要通过包金或者断开等方式来弥补。裂如果有缝就是硬伤，没有缝隙就叫"绺"，算是软伤。如果在雕件上出现裂，一般用剔除的方式处理。

　　对于白玉有两个误区：首先，白玉无瑕始终是一种境界而已，一白遮百丑是人们对第一印象的执着，实际上质地远比颜色重要；其次，盲目追求物理层面的纯白只会落入俗套，真正的羊脂一定是含蓄的白，并非白纸一样的苍白，那种密度的白不会闪着玻璃的光泽，更不会像调色板上的钛白。

天子衣青衣、服青玉

《吕氏春秋》曾言"天子……衣青衣，服青玉"，《本草纲目》里则说"古玉以青玉为上"。西汉中山靖王刘胜墓出土的金缕玉衣，就是用青玉片做的；皇帝的玉玺也多是青玉籽料所造；故宫所藏《大禹治水图》《秋山行旅图》等大型国宝级玉雕，就是青玉的代表作；慈禧曾梦想有个玉棺椁，当时慈禧亲选的就是和田青玉，玉工找到的和田青玉长约三米，宽约二米，厚一米，重达二十吨，可惜没有在慈禧归西前运到。

青玉的数量很大，密度也比较高，且末的青玉王有六十多吨重。青玉的品种也多，多到白玉和碧玉一不小心就变成了青白、青碧，而且这青一定是放在前面，变成了基调。且末田家的矿就出很好的青白料。

这些年的各种青玉被商家们发掘个不停，最近又有一种叫沙枣青的开始畅销，所谓沙枣青就是指类似沙枣树叶背面的颜色，偏灰绿色。这种料子在以前是很少有人问的，多是籽料疙瘩，密度和脂份都不错，但因为颜色不够鲜亮也不够正，所以一直没有市场。但是凭借籽料的稀缺和沙枣青这个顺口的名字，它竟然也开始被点名买卖了。听说2010年在北京后海有十来公斤的沙枣青籽料开价开到了几十万。只不过，沙枣青在市场上已经囊括了从泛柔绿光的白到浓浓的灰绿，只要沾点儿绿的籽料都叫沙枣青了。

我第一次见沙枣青是在地矿局门口的一个三轮车上，一个老大爷靠在车旁，在五月的日头下还穿着棉袄，看上去很多天没有回过家了。车上放着的六七块石头，个个都有十来公斤重，品相都不怎么好看，一片灰黑。我正准备扭头，却听到老汉说了一句不太标准的"沙枣青"。因为没见过，所以它一下子吸引了我。那是一块敦敦实实的圆疙瘩，看起来是灰色但泛着点绿，手电筒一照则是灰绿的树叶色，不够纯，也不够干净，还有一点花。当然，青玉里很少有碧玉那样的墨点，但是这个看着却像没洗干净的小孩的脸，总能看出曾经的淘气劲。由于缺少了富丽堂皇的门面和展厅，更没有戴着白手套的店员和各种专业术语的介绍，甚至没有一句完整的汉语的表达，这块石头的要价几乎就没有什么悬念了，我甚至都感觉有点儿对不起老人家。而等我转身出门的时候，老汉已把工作服一样的破棉袄脱了下来，盖在了三轮车上的石头上，自己则眯着眼坐在烤肉摊前开始烤肉吃了，看起来很惬意。

这块沙枣青放到哪里都很皮实的样子，把它放到展架上总让人有一种郑重过头了的滑稽感。最后我将它放到了窗台上，连底座都没有安，但它很自在地凭窗远眺，而我们总会忘记它的存在。甚至我偶尔给客人炫耀这份战绩时，都得领客人走到一步远的地方，人家才能看清这不是一般的石头。后来由于晒得时间久了，石头表面起了一层浆，问了一些行家才知道玉是不能暴晒的，容易起浆，连表皮的润度也会受影响。这也就是为什么光滑的和田玉籽料多是从古河道的沙下或者是河道的水里挖出来的，而戈壁料相比就显得很沧桑了。

　　再一次见到沙枣青是在明珠花卉市场的露天摊上，是一块沙枣青籽料，料形不错，颜色也正，但是面上有一道很清楚的"S"形浆，浆路均匀，像一条青云直上的龙。我觉得是好兆头，于是想和商家商量一下，不想旁边一个小伙子要给女朋友打镯子，听了我出的价，觉得便宜便不由分说地抢先买走了。我看着他拿走了籽料，心里才开始疼，更觉得那石头上的图案珍贵了。在附近的摊位上看了一圈，几乎没有什么像样的玉，多是不熟的玉石，石性比较大，但还算是玉。有玩家把玉料分成三个等级：籽玉、玉石、石。有个摊位从去年冬天到今年五月一直都是一大堆的青碧玉石或者说是大籽料，每块都将近二十公斤。上个月打一折都没几个人买，毕竟造型好的早被挑走了，剩下的品质连观赏石都不如。可是此时摊主不知道怎么竟然大甩卖，拿把刷子把石头都洗出来了，等我想凑热闹时旁边一圈人已经在三五分钟之内把石头圈起来买走了。有人在旁边说："这样的玉石放店里卖，不喊个高价才怪，直接赚数十倍，哪里找这种生意啊。"另一个说："你不懂，在店里要价少了，别人会觉得是假货，只有要个十几万才像真的。这玉市场是买高不买低的，尤其是外地人更是以价格来论真假。"

类似的关于价格的故事实在是多，随便说一个：山西巷一带有一家玉店，店里的老板见一个从南疆来的老汉手里有一块大玉石疙瘩，只不过玉石的品质不够好，还有点石性，所以放了很久都没有出手，老板觉得太可怜，于是就出了几千元买了下来，算是帮老汉回乡了。石头就被他摆在了店角，也算是用它来镇角了。有一天，店里来了一群人，看了几乎所有橱窗里的玉都不是很满意，临走前指了一下角上的那一块玉石疙瘩问价，老板嫌人家没眼力见儿，很生气地说："那是籽料，十万。"结果以好几万的价格成交了。为此，老板专门跑了一趟南疆找到那个老汉，又给了他一万元。老板不仅因为这事在玉石界得了好名声，而且还带回更多好料。

就在我听故事听得正起劲时，旁边却打了起来，原来是那个买走沙枣青的小伙子带了人来和老板理论了。他买玉是要给女朋友打镯子的，但他愣头青一个，拿去就直接把玉剖开了，有那浆在里面，根本不可能做出镯子来，所以才回来找老板理论。我赶紧过去看，那玉里的浆果然和外表一致，看上去就像拦腰折断的，心里真觉得可惜。本来那是一个非常好的摆件，因为被不懂的人满心欢喜地拿去做镯子，如今就成了废物了。

青玉籽料也比较多见，但上好的不多见。市场上一般常见的是上点皮色的青玉籽料，一来青玉肉质好时密度高，这样的皮子很难上去，所以看到的往往是薄薄的一层；二来青玉籽料常伴有一点石花，上点皮可以遮掩。这种上皮的籽料还是不要碰的好。虽然上的皮色可以通过各种办法泡除，但是肉质一定会因此有些问题。通常的颜料皮子一般用 84 消毒液，和水用 1∶1 的比例兑好，把玉泡进去在蒸发的过程中不断加水，经过大概一个月的时间，皮色就可以去除了。但由于现在假皮子太多，很多玩家都会不小心把真皮子当成做工精细的假皮子，导致可能有不少真皮子就这样被泡掉了。有行家说真皮子是泡不掉的，但谁也舍不得用真料来证明此观点。

青玉多是山料——一个朋友去和田出差回来后得出这样一个理论。按照玉石生成的自然条件来看，很有可能某一座山就是座玉石山，每次聊起这些，都不由得想象着一座座满是青玉的山。很难想象一座白玉的山是什么样子，或许有点儿像金山那么壮观，而青玉的山更像大自然的恩赐。在我看来，青玉的青分两种，一种是晴天的青绿，另一种是阴天的青。前一种好理解，后一种则是泛着灰的。比如青白如果泛青，打出的器皿则比较白，而泛灰的打出的器皿就显得不够清爽了。阴天的青如果浓了，就是塔青，如果不打灯看的话它就是黑的。塔青的细腻完全可以和墨玉媲美，也已经成为稀缺之物了。还有一种叫翠青玉，我在一本书里看到过关于它的描写，说是像竹子的翠青色，但是在玉市场只见得到沙枣青。

玉佩一开始也是青玉的居多，而白色的直到被赋予了"君子谦谦如玉"的品质之后，才成为文人的最爱。但说到谦谦君子，我仍是认为青玉更具有不事张扬的本色。在如今这个喧嚣的玉市场，这个白玉都快被分成无数个等级的时代，青玉始终是淡定的。这真是应了道家的那句话——"无为无不为"，更让人觉得青玉符合"道法自然"的意境。

其实青玉的密度比较高，总体来说就排在青花后面，今天的市场上，一般的青玉镯子都在中等价位，但如果没有什么糖色或者质地特别的好,是很难要价的。去年年底的时候,我在且末一家玉店里看到一个青白玉的镯子,上面有一抹糖色,刚好是个"6"的形状,也可以说是"9",镯子上的糖色一般都是椭圆形,但这个很特别,所以价格也要翻番。由此可见,青玉本身的价格并没有什么多余的附加值,只有添加了这些世俗元素才有了对它的想象空间和要价能力。

和田青玉籽料往往不会被雕琢,因为颜色太青,即便雕了东西也卖不出太高的价,所以常以本来面目示人,似乎已列入奇石的行列。有一尊昆仑玉神的摆件,用的就是青碧的籽料,其面部生动,双目有神,后脑勺很突出,只有浓重的青碧色才能够体现这种沧桑,确实有一种"昆仑玉神"的境界。

玉原本是与水在一起的温凉之物,青玉看上去更像是水养出来的,甚至还会有水漾在上面的感觉。依我看,在各种玉的颜色之中,只有青玉不仅仅体现了诗意,更含有春意。青玉虽然不够鲜亮,但是如果一个玩家手里没有青玉,也是很奇怪的一件事。在出现过玉的诗句里,东汉张衡《四愁诗》里的"美人赠我锦绣段,何以报之青玉案"一句最有名，后来青玉案成了词牌名。这样看，青玉也是玉里最有文化味的了。《诗经·郑风》曾曰："青青子佩，悠悠我思。纵我不往，子宁不来？"而这首诗的开头和结尾可能大家会更熟悉一些，分别是"青青子衿，悠悠我心""一日不见，如三月兮"。

导演最爱让皇帝拿的碧玉手串

亚洲人皮肤黄，所以戴玉最好是特别正宗的白，或者是特别幽深透亮的绿。和田玉在清代后期通道受阻，云南翡翠变得格外值钱，现代人受翡翠的影响而对碧玉有所偏爱。

碧玉籽料很少有，因为和田的碧玉本就不多，籽料更是稀罕。和田碧玉的玉质当然不错，润度很高，但是在颜色上总会带有石墨斑点，这也成了和田碧玉的一大特色。

如果有块菠菜绿的和田玉，且基本没有斑点的话，那就价值不菲了。品碧玉和其他玉最大的区别是光线，碧玉是最能体现光线变化的玉，如碧玉猫眼。也正因此，碧玉适合以光滑的面体现光线。出现在电影里的最好的碧玉饰品要数手串了，尤其是不需雕琢的那种，皇帝最爱拿的就是这碧玉手串。

没有石墨点的多是俄料。俄料碧玉如果没有石墨点可以说是非常不错的，颜色很正，如果用蜡打过会比较润，也有质地、密度都不错的，可以与和田碧玉媲美，但是行家还是能看出来两者的差别，尤其是佩戴过几年，更容易识别。还有加拿大碧玉，虽然石墨点少，但是水性大，颜色比俄料、和田碧玉都淡。北极地区的碧玉是加拿大的国宝。青海碧玉泛青色，但因为有青玉的底子，质地就很细腻。

还有一个地方产碧玉，就是玛纳斯河，听说从清代开始开采，国民党当年在那里有碧玉矿和加工工厂，后来在撤退时给炸了。现在，那里的碧玉玉质大多比较糙，石花比较重，精品少。由于玛纳斯的碧玉多是山流水，现在还有很多人去玛纳斯河捡石头，那里的石头大多泛着青色，多数上面还有筋络，很沧桑的样子。

在华凌市场你可以看到一种翠色鲜亮，几乎完美到没有瑕疵的碧玉饰品，在光下可以看到清晰的石纹，这种实际上是石英石，美其名曰"马来玉"。台湾的一些店卖的所谓的碧玉，大多用来做些像路路通之类的小饰品，基本是地摊价。

在这个市场，白玉的假货远远多于碧玉，除了因价值利益驱动外，还因碧玉更容易显出脂份和质感，这也是它不好造假的一个重要原因。有人说和田玉的主要玉种是没有碧玉的，碧色是因为含矿物成分过多才生成的沁色，由于玉质松，所以容易沁色，而碧玉的碧色的成因可能也和它总伴生有石墨有关。

新疆碧玉的籽料一般都没有皮色，能很轻松地看到质地结构。俄料碧玉基本是山料。碧玉的籽料一般也没有人去造假，可能是怕了"红配绿，丑得哭"这句话，没人会主动为碧玉上红色的皮子。我见过一块碧玉籽料，如同一块菠菜面饼，上面均匀分布着石墨点，虽然和田碧玉籽料非常少，但又实在不知道该拿它做什么好。碧玉可能真的是受颜色限制，几乎没有见过它的异形镯，这种色泽更适合体现猫眼等光的折射，如果弄上些造型可能会适得其反，尤其是玉皮上的毛孔，放到其他玉种身上是一件值得骄傲的事情，但放到碧玉身上也许就会像胎记一样反而影响了观感。在青海和西藏交界的芒崖地区曾发现过一大批青海碧玉籽料，据说皮特别厚，但由于其泛青呈灰绿色，价格始终不是很高。

一般碧玉除了镯子就是挂件，而碧玉若雕龙凤镂空玉佩，就很有股子鲜活劲。

碧玉雕得好的摆件很难见到。我见过最有特色的是一副用碧玉镯心做的象棋，但是红方的棋子看着就很土气，可能是因为颜色不够匹配吧。所以我猜测当年青玉是以质地细腻取胜，白玉以君子品质取胜，黄玉以贵气取胜，唯有碧玉一直忍耐到清朝玉源枯竭、翡翠声名鹊起时才受人瞩目，加上碧玉籽料较少，做一般家居摆件不易出彩，做大型雕件又多是船、山水等题材，而碧玉山料上动辄有些黑点，不够贵气，所以才有了"小家碧玉"一说。

说到大型的山水题材雕件，很多酒店都会在前厅摆一座这样的雕件，可以说是显示实力的一种形式。但此类雕件基本上都是岫玉的，也常选端庄的绿色，倒弄得没人敢用碧玉去"珠混鱼目"了。

北方的玩家自秦汉以来还是偏向白玉，南方的自清代以后受翡翠影响比较喜欢碧玉。当然，从装饰品的角度看，碧玉镯子的销路还是很好的，毕竟白玉假货太多了。假碧玉也见过，颜色像啤酒瓶子似的玻璃镯子，鉴别起来非常简单，仔细看里面还有玻璃气泡。

碧玉不全是绿色，还有墨碧、红碧一说。墨碧猛一看像墨玉，但是打着光看是绿色的，有人把俄料的碧玉沁糖说成黑碧，实际上完全不是那么回事儿。听说红碧是升值空间最大的玉种了，但是我没见过真品。

带甜味的糖玉

　　玉是有等级一说的，无论是一红二黄三墨玉，还是一墨二红三黄，白玉都排到第四了，排列顺序似乎是按照玉的稀有程度来排的。也有人不屑于排其他颜色的玉，只对白玉划分等级，第一当然是羊脂，依次是高白、一级白、白玉、青白、糖白等。

　　无论怎么排，这糖玉似乎都在后面，甚至都没被列入玉的种类。这是因为很多糖玉是在白玉、青玉或者黄口料上的沁色，是一种沁色的品种。

实际上，玉含有的二价铁离子如果受氧化变成三价铁离子，就会形成褐色的色调，所以哪里都有糖玉，还有人说红玉、黄玉也是受氧化形成的沁色。且末县塔特勒克苏玉矿的玉石就以糖玉著名，不论白玉、青白玉或青玉，经过氧化都会形成糖色，此外，若羌县的糖玉也很出名。

糖玉不是糖皮，若只是一点皮上沁了糖色那可是能为玉增值不少的，糖色最贵也就是作为皮和白肉一起做雕件，掏空里面做个器皿的时候，叫金裹银。糖玉往往是因为玉密度或者环境的问题，而导致玉形成了厚厚的糖水色，所以我们说的糖玉多是指山料。在俄料里，糖色是偏褐色的，和田玉好的糖色是像红糖水一样的颜色，这种糖玉的颜色有浓有淡，淡的像夕阳黄，有点儿戈壁玉的感觉，浓的甚至有点像阿胶。还有一种是颗粒状的，颜色像干的红糖块，一粒粒黄褐色的。商店里有很多俄料，多是白色料子，但偏角有一片糖灰色，看着没有润甜之感。

马龙的一位玉商朋友从阿尔金山回来的时候就常带回一些糖玉，那个地方是青海、西藏、新疆三地的交界处，在新疆隶属巴音郭楞蒙古自治州管辖，藏语叫可可西里，比阿尔金这个名字要出名一些。且末不仅开采和田玉历史悠久，而且是和田玉的主产地。据东汉班固的《汉书·西域传》记载："于阗之西，水皆西流，注西海；其东，水东流，注盐泽（盐泽即今罗布泊，作者注），河原出焉。多玉石。"且末县有十多条河沟出玉，山上更是有几个有名的玉矿，以至于有人将且末县说成和田地区。且末玉矿主要分布在阿尔金山西端和中昆仑山，平均海拔3500米以上，其中尤为著名的是塔特勒克苏玉矿，据说还有个尤努斯萨依矿，是一个青海人在明朝时发现的古玉矿。还有个古玉矿据考证已经开采了7000多年。这样推算的话，且末县出玉可是汉代以前的事了，所以也有人说玉门关就是这里。齐家文化之后，中国人从巫玉时期进入神玉时期。齐家文化用的玉基本都来自阿尔金山玉矿，就连马可·波罗也描述过这里采玉的场景。其中重点说了沙昌省（今且末县）境内有几条河流出产玉石，这些玉石大部分销往契丹，数量十分巨大，是这个省的大宗输出。

这个蕴藏各种宝藏的阿尔金山，光出产的和田玉矿山料就占全疆和田玉山料总产量的三分之二左右。上山很难，要过公安检查站，还要到中转站休息补养。矿坑一般在 4000 米以上，玉石都是请青海的民用爆破公司帮忙炸下来，然后再用毛驴一点点运下去。山上基本没有路，有的玉工一个不注意就会直接从路上摔下去。玉工的世界里没有玉，在他们眼里全是石头，有聪明的，把石头直接从山上扔到悬崖下面的溪谷里，等到下山检查完之后，再带人去找。当然，做玉的老板也没有傻的，多数就地盘点清楚了，保证在过程中不会丢玉，这个管理学问可大了去了。一家做黄玉的据说采用的是现代化管理，可以做到滴水不漏，直接将玉发往安徽加工后再运到北京卖，所以在新疆很少能看到黄玉。因为矿脉在人家手里，新疆的玉雕市场更是不提黄玉，黄玉到新疆基本走的是出口转内销的流程。

前面提到的那个马龙的朋友叫吴昕，曾经多次去过阿尔金，若羌、且末一带也认识一些朋友，所以这些年常自己跑。每年他都开着辆皮卡走两三个来回，每次也就带二百公斤左右的石头下来。通常是山上有人带话——出好石头了，吴昕就立刻出发。一般矿老板会将好石头选出来自己留下，剩下的成堆地放好，不许别人翻检，直接论堆称重量。石头炸出来时的样子和石灰石没什么两样，好不好全凭运气。所以大伙常会等一个好的矿脉，为的是保证总体质量。

我们去吴昕家时，他明显休息好了，气色不错。他家有一间房，里面放了个麻袋，嶙峋的几块石头"显摆"似的放在那里。沾了马龙的光，我们可以自己挑石头。由于我们是第一次买山料，马龙还教我们挑选的方法。先用手电筒看裂缝，因为山料通常是炸出来的，这样操作比较简单，山上无霜期短，大家都只争朝夕地干活，谁会考虑料的完整性啊，反正都是按重量卖，当然是炸最省事，炸出来的料里面会有很多裂缝，会直接影响最后的加工。除了裂就要看穿浆的问题了，浆是不够熟的玉浆，里面混有石粉，也有人说是因为温度不够所以玉里没熟，当地人说玉本身是白云岩在高温下炖出来的，所以叫"玉肉"，真的是很形象。因为是炖出来的，所以玉矿都是一堆一堆的。有浆的地方肉细，因为浆穿到这里没透过去，说明这里的玉浓度高能挡住浆的扩散。在反复比较之后在石头上洒水，要多洒几次，等水全渗进去了再看面上的裂缝。如此看了几番，终于定了一块十几公斤的，在我看来这就是无数个镯子及镯心。经水洗之后，它的石面上呈现出红糖似的颜色，均匀透亮，除了面上一道浆缝之外没有什么明显的瑕疵。

等到了老张家的店的时候，已经是当天下午五点多了。老张对着玉石的浆口切了一刀，打开一看，里面就像黑心棉被，全是石粉，甚至都没结成块，水一冲就变成了石浆，好在有一侧的肉还比较厚。老张又从中间竖着劈开，再一看，晶莹透亮不说，中间还有一块白玉，那是我见过的最美的白，是一团被糖色簇拥的白，仿佛糖色都是从这白里漾出去的。"浆边肉细，果然啊！"老张自言自语道。这一块白像是王冠中间的宝石，又像是一个宝娃娃羞涩地看着大家，只是被切了一刀，完全没有经过打磨就已经是透亮闪滑了，可见其润度很好。事后想想，这后一刀切得真有点儿悬，如果这块白不是从中间剖开，那么一对姊妹镯就无缘出现了。

两天后，两个糖玉镯子问世了。镯子从白开始一点点漾至深深的红糖水的颜色，过渡自然，几乎完美，除了一个椭圆的白色以外，全部是由淡到深的糖。糖玉第一次让我感觉到温暖和柔软。我想，原来糖是为了保护白玉而生的，如若一块糖玉只有糖，就如买珠还椟，少了点睛之笔，也少了糖存在的意义。

再看很多玉器，尤其是把件的在大片的白玉边上的糖，作为俏色不够精彩，作为底座不够稳重，做衬托又不够低调，缺少了糖水的甜和灵气，最重要的是让人搞不清楚它存在的意义。

红糖水要透亮，当然不能泛灰，所以，比较各种糖玉，我还是偏爱糖白和黄口料的糖玉。因为底色饱满，糖看起来更加立体，像极了小时候的水果糖。原来我喜欢的其实还是小时候可以吃的糖。

糖玉就这样被我和小时候的糖果一起存进了记忆。2013年，我去玛纳斯玩，路过那里的玉器旅游市场，看到一家玉器店的老板在认真地往几个糖玉料子上刷油。这几个糖玉吊坠是长方形的薄片，中间一排的上面刻了一个龙头，下面简单地刻了一个大门状的门钉和吊环，整体有古风之感。糖色不红，偏咖啡色，看起来是俄料，脂粉度也不够，需要不断上油，因此反而有了哑光的效果，像尘封千年的大门，反倒叫人忘记了府上有龙的寓意。这种糖玉不仅没有糖的甜蜜，反而多了一些沧桑，原来糖玉还可以是时间的印记，不需要为谁而存在。

当然，糖最出彩的还是做俏色时。我见过一个且末料的镯心，大半都是白，上面一团糖，主人是家在且末县的林叔。他玩玉二十多年，最终来到了乌鲁木齐，就靠积攒的料子撑起了一个店。现在他的店里流通的多是俄料，且末料的好货越来越难找了，矿主们都学会了待价而沽。林叔也懒得去捧场，于是开始琢磨怎么用好手里的货。那个镯心等我再见时几乎没认出来，一个圆被从直径线上斜抛成两半，斜面圆滑。其中一半的糖色刚好被分成了两个半圆在头顶，做成了钟馗的头像，甚至还有胡须，而那白则正好成了钟馗的身子，饱满厚实。两个钟馗像孪生兄弟似的，那张红脸正合了钟馗的脾气，若说是张飞也不错。有了性格的糖是最灵动的。

养玉的人都喜欢讲盘玉，有人说，实际上在有生之年能盘出明显效果的除了籽料皮恐怕只有糖玉了。因为温度很容易改变铁的氧化状态，这样说来戴糖玉更加有成就感。都说石头捂不热，如此看来，糖玉却是孤洁的玉中最通人情味的了。

通常判断青花，
首先看是否黑白分明

2006年，北京人老付去了和田。他四十多就进入了退休状态，喜欢读书，喜欢历史，羞于谈钱，也因此深受朋友喜爱。他这次也是借着陪朋友去的，想再感受一下和田风情。每次说到和田，他都会非常遗憾地说："包子太香了，没吃够。"还会给我们形容那个烤包子："从炉子里取出来，一阵洋葱裹挟着的奶香袭面而来，那羊肉吃进嘴是脆的，但不是干脆的脆，是如嫩香的软骨般。你能看见每块肉都是完整的、鲜亮的，包子鼓鼓的，咬开小口，满嘴鲜味，汤清亮亮的，一不小心就顺手流到手腕，你要是想抬手去舔又会流到胳膊肘子上，再一抬胳膊，哈哈，就到肩膀了。"每次听到这里，大家都会在脑海里想象一下。接着老付又说："和田人实在，一个包子就能吃饱，但舍不得离开馕坑，就在旁边看老汉下棋，没忍住打个洋葱味的嗝，老汉抬头对我慢慢地说道：'朋友，你放个屁多好啊。'"我们又是一阵大笑。当时，老付的和田之旅在我们看来就是包子之旅。

几天后，老付回来了，这次不一样的是他带了一串东西，是麻绳串的镯子。原来是在和田时，老付的朋友一定要去看玉，他没忍住，整了一块石头，结果打了四十多个镯子。这玉在老付看来就是一个旅游纪念品，是用来给朋友们分享和田之旅的。就这样，我有了第一个正式的和田玉镯子。这镯子不是我想象中的白，是白底子带芝麻点，大家说叫青花，又说是芝麻糊，是青花玉中的一种。镯子摸上去是腻腻的润，芝麻点细细地均匀分布着，远看像一团白色的烟雾。老付说芝麻糊是形成白玉的一个过渡品种，找个地方打成镯子，每个大概需要二十元的手工费，所以不值钱，我们也就心安理得地套到胳膊上。这个时候，和田玉在我心里只有做一个镯子二十元的印象。那些镯子很快就被老付分了。后来老付又照葫芦画瓢地买了块黑色的玉，也打了无数个镯子，还是送了各路人，这个故事后面再说。

青花有很多种，这几年做成镯子，价格都在千元以上了，有点儿图案的更是都上万了。原来，那种芝麻糊并不是最上眼的青花。青花里的黑色是石墨点，这石墨在白玉形成时进入熔浆，形成了青花。如果石墨的颜色聚合，则玉黑白分明；若颜色不聚合，混为一体，则品质就降了一等。青花因为是白玉的底色，所以具有收藏价值，又因为价格一直与白玉悬殊，所以具有升值空间。所谓的过渡色和戴久了墨点就会析出的说法，实在是牵强。

通常判断青花，首先看是否黑白分明。有一个很有名气的青花雕件，样子有点儿像夹心饼干，两层错落的白中间夹着一层黑，上一层的白被雕成水帘状，底层的白整个是一个圆形，让人联想到梯田或者太极。更多好的青花都被雕成江南小城的黑白图，青砖白墙，幽静曲折。黑白分明的青花还用于如熊和雪、老鹰和大海，浪花、仙鹤和水等雕件题材。印象最深的是一个美女出浴的雕件，白色部分被雕成了美女的身体，黑色部分则是美女低头时垂下的长发，黑白分明，曲线和脂粉也恰如其分。其实很多青花都是青色和白色，只要颜色聚，容易区分色块，都很容易雕出效果。

这些年在青海玉、俄料的冲击之下，和田玉市场上的白玉真假难辨，因为在鉴定书上这些玉都叫和田玉，所以很多人以为青花是和田地区特有的品种，不会有假，其实不然。青花指出自和田地区喀拉喀什河流域的以透闪石为主的黑白相间的玉石，那里的青花多是籽料，墨色以雾状、片状和丝状为主。新疆叶城的山料和青海格尔木的烟青料则被一些玩家统称为类青花山料。叶城的类青花山料中大部分都夹杂有类似"银沙"的矿物质颗粒。青海的烟青料主要以灰紫色和灰粉色搭配青肉或者白肉为主。现在的石料市场上还有很多叫类青花的石头，也有人管它叫国画石

（不是广西那种），当地少数民族管它叫水石（素塔西），顾名思义，也就是类似水墨画的东西，据说产自哈密一带。这种类青花石料的特点是水汽重、石性大，白底是透明的，容易干，不够润，商家一般都会上油或者用保鲜膜包裹。类青花的石料都比较大，也很完整，很多人将它作为摆件放店里镇店，碰上不懂的买到还以为自己捡漏了。

说到这儿想起一句话，在新疆就没有能捡漏成功的，只有被捡漏成功的。玉市场每天来来往往那么多行家，每个人都长着聚光灯似的眼睛，还有多少玩家拿着手电筒往各种石头上照着比画，怎么还会有漏呢。只要新手把那手电筒疑疑惑惑地放到一块破石头上，商家顿时就大喝一声："哎哟，可是遇见行家了！"于是，不多久就见新手喜滋滋地抱着石头出去了。除了新手，商家和玩家都是行家，是远远用手电筒扫一眼就能把料看个八成出来的。这之后商家买玉是比手指的，用四个指头比比画画，大概出多少镯子就清楚了，谈价钱当然是以镯子数为底价的，其实最后做了什么就另说了。镯子是行家谈玉的计量单位。玩家一般不论这个，通常是摆弄半天，看怎么摆，出什么造型，实在摆不出来才会放弃。

　　青花之所以会被玩家欣赏，首先是因为墨玉和白玉的底子。如果石墨含量在百分之九十五以上就是墨玉了，用手电筒照会透白光，因为底子是白玉的。如果石墨的成分不够，就分出黑白图案，成为青花。而墨玉和白玉现在几乎都是天价了，尤其是墨玉，市场上基本看不到，所以青花自然也就成为新宠了。其次是因为中国人对水墨画的偏爱，尤其是对留白意境的感悟，也使得青花自带一种诗意。当然，这样人们对青花那块留白的质地就非常挑剔了。青花在和田玉里算硬度比较高的，摩氏硬度为6.9~7，所以青花籽料里的白通常质地都比较好。很多青花的黑色图案非常漂亮，但由于白底不够干净，底色就成了败笔，让人看了总觉得不够舒服。这也真正应了那句"锦上添花"，这花若添在麻袋上，怎么看就都没有那么喜庆了。

　　青花籽料也有两种，通常情况下，籽料在河水里被冲刷千万年，颜色自然是表里如一，青花自然也是一目了然，但是市面上还有一种籽料，从表皮看是白黑两种色，摸上去却是鹅卵石的质地。人们识别籽料时通常会拿小孩的屁股作比，也就是说摸上去像小孩的屁股似的就是真正的水冲料，但这种摸上去就比较糙。鉴别籽料还要看质量比重，这种籽料通常密度都比较大，也就是说里面一定有玉。在华凌汽配城巴扎就常可以看到这样的料子，通常是一个摊位上一堆全是这种料子，别家的各种籽料即便是上色的也会打个眼让人看成色，这种就不会打眼了。

第一次去华凌时，我还不懂玉，只是为了找青花，看到了一块很清透的青花籽料，比男人的巴掌大点儿，呈三角形，灰色在下半部分，上面的白色比较干净。我不知道怎么还价合适，据说玩家砍价时都要吊一下，于是装作很决然的样子走了，想等着人家喊一嗓子就立刻掉头，结果人家没喊。再去已是时隔半年，我有青花情节，仍是找青花，就看到了那一地的青花石头籽料，面上没有玉质也没有光泽，但是重量确实吸引人。其实在新疆玉市场是没有赌石这一说的，绝大多数的和田玉是表里如一的君子般的品质，只有少数料料因为皮色太重或者太厚才会有赌成色一说。但是这种石头显然是要赌一下的，好在老板拍着胸脯说："这就是青花，这一点我可以给你保证。"接着又很合情理地说："为什么不打开呢？你们也知道，汉族人尤其是外地人对青花的条件要求多。只不过打开了就不知道好不好卖了，我们不懂你们的眼光，每一块青花的花样都是老天给的，你挑上什么就是和什么有缘。"就这样，因为老板保证品种及缘分之说，我挑了一块比较重的，大概有四公斤多，像两本十六开的书一样大和厚。买下后，二话不说，立刻带着它冲向加工工厂。

在张师傅处加工有一个好处，切料不算钱，你可以先要求他切几刀，把成色看清楚再选择做镯子的料。第一眼看到这块石头，张师傅就说，买这作甚。我自然是要打镯子的，他的徒弟把石头架到砂轮下面，一阵水雾、烟尘、火花之后，我看到了一团泥状的切面，果然是有花，但是这青花的底色是泥浆的颜色，说好听了叫糖玉的颜色。糖玉其实是我非常喜爱的一个品种，好的糖像红糖水，透着甜。糖玉是因为玉质里渗进了矿物质才形成了糖色，也有人说白玉的糖皮是因为其密度低才容易渗色，通常古玉都会有沁色，所以糖玉多被打成仿古件。但是当褐色的糖遇到黑灰色时，整个就像从酱油缸里打捞出来的，提不起色来。即便有些泄气，我还是坚持要打镯子，由于石皮比较厚，所以只够两个镯子的料，第二天去拿镯子，老板娘说："模子是出来了，没打磨，看你要不要再说。"我怎么能不要呢，于是几天后，我有了两个质地细腻的糖青花镯子。毕竟是玉，细看还有一种高贵气，可是有点儿像落难的贵族，衣着褴褛，仅戴了一天，自己也看不下去了。

还有一次遇见青花籽料，是在一个从和田来乌鲁木齐坐商多年的热合曼大叔的店里看到的。大叔给我看小巴郎从和田带来的青花籽料，整体一个椭圆体，上了皮子，皮色橘黄。现在上皮的技术真的是越来越高了，什么秋梨皮、老虎皮都不在话下，只可惜总是上错地方。青花密度高，一般没有太多皮色，在青花外面上一层皮总像是给 LV 包罩了一个布套子。青花的一侧切面非常整齐，黑白分明，但是这白色拿餐巾纸遮住四周一比就是透明的烟雾色了。好在这时的我已经知道没有捡漏一说，当然不会去捡这破烂了。有的行家不拿餐巾纸比颜色，只在身上配一块自己还比较中意的玉，每看到一块玉便拿自己的出来比一下，一比就知道品质了。玉由于有质地、密度、脂粉、颜色、皮色等多重因素，所以如果不放到一起比较，很难清楚地分出级别，而比一下就会越买越能买到好的。

青花籽料比较多，尤其是前些年价格不高的时候，很多人拿不是很漂亮的青花籽料做摆件，但是也有用它打镯子的。热合曼大叔就坚定地认为，籽料无论多难看都比山料贵重，这一点从产量来说是毋庸置疑的，可怕的是大叔店里只有籽料，而且几乎全部都被做成了镯子，还是那种统一型号的普通镯子。于是，在大叔的柜台里你能看到各种不入眼的花色，甚至是有裂缝的镯子，但是拿出每一个来摸一下你都要惊叹不已，毕竟籽料的脂粉度和细腻程度是山料无法相比的。

热合曼大叔的店在珍宝楼的大院里，不是门面，所以游客很少来，而且只要有进来的游客，都会无比疑惑地看两眼就跑。大叔也不介意，他认为这里相当于和田玉籽料办事处。乌鲁木齐的一些商家会从这里找本地第二手的籽料，虽然这些料到了乌鲁木齐至少已经是第六手了，但这些利润足够大叔在城里置办一座有葡萄架的大院和买辆越野车用了。最重要的是，在大叔心里，卖玉卖的就是籽料，而籽料就是打镯子用的，那些配件如皮带扣之类的都是用边角料干的事，大叔不屑于在玉的品质之外动任何心思。虽然青花最适合做的是浅浮雕的水墨画，但是很多商家也都只打镯子和牌子。

聚墨青花往往密度极高，白玉能到羊脂级别，所以任何一点废料都不会随便处理。就连打镯子时的侧面切出的那种很薄的片也会按片卖，一厘米乘三厘米见方，几毫米的厚度，也能做正经商品卖。有人拿去磨出水滴状的耳钉，黑白图案很是漂亮。再拿到博斯腾宾馆的楼上，找做银器的福建人配上耳钉或者耳环就非常完美了。只是抛光会麻烦一点，东西太小，手工抛光会把指甲盖磨去一块。

我曾经在民街见过最大的青花料，不知道是哪家运来的，猛一看像是一座放大的假山，有四五米高，造型有点儿像太湖石。那时，一个小伙子正搭着梯子给石头喷蜡，应该是山料磨光的类青花。打蜡总会让我想到玉的毛孔如果都被堵住了，今后如何清洗的问题。也许是我杞人忧天。

每次到一个玉店，我都会去看看那黑白分明的水墨画，慢慢地我发现，其实摆在显眼的转盘上的青花往往都是宽版的镯子，而且会很宽。想来也是，国画是要泼墨的，太小了就看不出线条了。后来有一天，我看到有个老板娘戴了一个青花镯子，是个异形镯，曲线的，上面还雕了一个如意。玉店的老板娘一般都身兼模特展示珍品，店里的大陆行货都摆在柜台里，一般的好货在保险柜里，真正的好货都在家里的保险箱里。老板娘戴的都是最近准备出手的高档货，镯子虽然玉质一般，基本是芝麻糊，但是由于随料形而成，如意上还可见料皮和毛孔，自然显得"风情万种"。这时我再看到千篇一律的青花圆镯，只有暴殄天物的感慨了。这异形镯像是突然就出现在各个商店里，加工费一般都在千元以上，河南做工的会便宜点，但图案也会刻板一些。光说料子，异形镯一般必须是籽料，否则就没有巧夺天工的感觉了。这种籽料品质好的都论克卖，网上都炒到上万元一克了。做镯子一般都在二级料以下，但如果是白玉，价钱也都要上万了，因为白玉没有独一无二性，所以一定要有皮，皮上最好还要有色，最怕那种巧色是后来上的，像硬生生卡在上面或者粘在上面一样，结果就适得其反了。

　　玉除了表里如一的君子般的品质以外，其独一无二性更是重要的溢价因素。水墨画加上浑然天成的别致曲线，再加上独一无二的皮，当然还有如意、玉兰之类的好兆头，更有甚者会琢一朵牡丹在镯子上，可以说青花的文化味是镯子里最婉约的了。

黄口料与黄玉是两种性格

如果说青花和糖玉是我接触最早的玉种，那么黄玉是我一眼就喜欢上的玉，虽然那时候我看到的还只是黄口料。

且末和若羌的黄口料很有名，从感觉上来说整体的细腻度比青白好点儿。而且黄口偏绿，更显得黄，颜色有点像柳叶初黄。黄口料沾了黄玉名气的光，但一直没有正名的机会，也没有要价的能力。

第一次见黄玉是在露天市场，还是三九天。我路过一个摊位，那老板摆了整整齐齐一码的河南玉雕件，俄料的碧玉虽然不知道经过多少学徒的手，做出来竟然整齐得一模一样，外形几乎都是观音、佛、金鱼等。价格也很便宜，但是由于这些做工经不得细看，样式又过于统一，再加上俄料本身润度不好的话一两年后会很干涩，所以我一般是不看的。在这些促销展品的后面还有一堆镯子，清一色的杂色，几乎没有一个是一水儿的颜色，都有大半圈的沁色，可偏偏就那剩下的一个弯竟然都是黄润润的，甚至还有点儿软。

老板姓张，一直在华凌做玉，是露天摊里的老东家了，他做玉的原则是做低端品种里的细活，这黄口就是他四五年前做的主打产品。当时一柜台的黄口，经过几年的流动，如今挑拣下来就剩十来个了。卖玉的都有这么一个说法，一开始一定不是溢价最贵的，因为他急着收回本钱，一旦本儿回来了，剩下的都等着天价才出货，反正不急。这个黄口料的镯子就是这么被剩下来的。当时黄口不值钱，而今剩了些次品反而赶上断货了。

其实，我开始并不是冲着黄口料去的，而是冲着印象中红山文化里的"C"形玉龙去的。虽然玉龙不是和田玉的，但在我印象中那条玉龙就是淡淡的沁黄，还有不是很光滑的面，处处彰显岁月的痕迹。后来我才知道这叫包浆，是古玉才有的，是含蓄的光，至少要经过千八百年才能形成。在看过很多流光溢彩的羊脂玉之后，我竟然还能在这些黄口料的镯子上看到这种含蓄的光，一下就被吸引住了。2011年，在北京拍卖的一个清朝乾隆时的黄玉雕螭龙纹手镯就是这样的颜色和光泽。

回来把玩过这些镯子，才真正觉出它的好。这种玉色耐看，尤其是在月光下。不像白镯子如果稍稍欠点儿质地总会闪出些许贼光来，这种黄口泛着的光像柔和的月光，旁边的沁色自觉地收了光泽，衬出半弯月的脸，真是"月出皎兮，佼人僚兮"。

中国人对天然的色调也会赋予等级，曾经就是按照阴阳五行来区分玉色，青、赤、黄、白、黑（黄居中如登皇位）就如同古代音乐之所以用五音阶，也是因为暗合五行。我从来不认为黄口料在成色上比黄玉差很多，其实都是沁色。只是黄玉的颜色更偏纯正的皇家色调，尤其是赤色的黄玉，多为籽料，叫次生黄玉。原生黄玉，也就是山料，为如老黄酒般的颜色，叫老酒黄。而黄口则因受铜矿的影响会偏绿,受铁矿的影响会偏红,所以多为山料,又因密度低常会伴有暗纹状的沁色。

虽然黄口料在质检单上也会被列为和田黄玉,但是在我看来二者还是有明显差别的。黄玉的黄到底有多正宗,让我不知道该怎么描述,不管是鸡油黄、蜜蜡黄,还是板栗黄,共同的特点是熟透了,色彩饱和度高,而且大都呈暖色调,偏红,可以说很贵气。在黄玉的等级里,深黄色的被列为一级,呈半透明状。不像黄口料,总带点儿"忧伤"的冷色底调。所以有人说正宗的黄玉就像红塔山牌烟盒上的那一圈金边的颜色,而黄口就像固体的橄榄油,这么说似乎也有一点道理。因为含铁所以沁色偏黄,而含铜又使得黄口偏绿,这种调和色与橄榄油的色调差不多。

即便为黄口料鸣不平,也不得不承认,任何一个黄玉的雕件都能表达富贵和前程的寓意,那熟透的黄也确实适合代表财富与地位,而黄口则因颜色清淡常被用来雕刻佛、观音、瓜果、鱼等,都是看起来清心寡欲的。

因为黄玉的价格昂贵,所以市面上常会拿昆仑玉、东北岫玉、河南独山玉、哈密玉甚至陕西蓝田玉来冒充黄玉,但是由于它们与黄玉的硬度和细腻度不同,用小刀划一划很容易区分。当然，新疆和田、喀什一带也是有岫玉的。这一点，热合曼大叔给我上过生动的一课。之前在热合曼的店里，我总是被大叔的各种天价玉石吓住，终于有一天，我忍不住对大叔说："我想要那种便宜点儿的可以摆在桌上的摆件，不要太大，但必须是真玉。"大叔指了指架上一块几乎是拳头大、圆锥体的黄料子说："喜欢就给你做个纪念。"我忙不迭地说了一堆谢谢，话音刚落，大叔紧接着说："给我个本钱就可以了。"看人家这时机卡的，我连收回笑容的机会都没有，只好把钱付了。回家看来看去，黄是透明的黄，像保鲜膜里包着一包水，侧面是白，倒也有点儿雪山的感觉。再看光面，没有毛孔，原来是磨光籽，我琢磨了一下想起来大叔反复强调这是靠近喀什方向的玉，明白这就是新疆的岫玉，也有人叫昆仑玉，也算是真品。

　　还有一种玉很容易被认成黄玉，那就是近些年在北疆崛起的戈壁玉。戈壁玉这个词不是彩石的专有名词，其实和田玉也有戈壁玉，是干滩上的籽料。北疆的戈壁玉是石英石，因色彩绚丽尤其是其中常见透明金色纹路，类似萝卜丝（这种萝卜丝只有高档的田黄石里才有），所以被卖家借来称为金丝玉。戈壁玉中偏黄的居多，是那种夕阳红的色调。有些商家会用它来磨光，仿造黄玉挂件，如果不用刀划很难区分。最近听说有人把一个夕阳红的挂件卖了三十万，玉市场一直都是"一红二黄三白"，现在连这种石英石市场也这样，红色的一直被认为是最少和最贵的。现在有很多戈壁玉的镯子也会上半个红色的烤色，猛一看还不错，但如果一堆都只是一样的半边红镯子就让人很不舒服。除了石英石，还有玉髓也是红色的最好。俗话说，玛瑙无红一世穷，玉髓和玛瑙都属于伴生矿，玛瑙以颜色鲜艳为贵，玉髓更是这样。据说，穆罕默德的手杖上镶着的就是块红色的玉髓，好像有红色玉髓是力量的源泉这么一说。我买过不少玛瑙，也买过一些类似玉髓的东西，卖家说玛瑙有水波纹，玉髓没有，但在现实中很难分辨。

　　黄玉籽料由于散落在昆仑山北坡，很难收集，所以现在市面上很少见。我在市场上找了很久，连黄口都很少见，大约是商家都发现奇货可居，等着黄口矿断货呢吧。终于有一天，我去友好珍宝楼的院子里停车，看见里面到处都是从南疆来的巴郎，他们的车后备厢都翻着盖子，里面一水儿的橘红色石头，染得通红，像维吾尔小姑娘涂的红指甲盖，甚至让人怀疑就是用同一个东西染的。偶尔有几块没有被染色的石头，不用问，价格一般都在几百千，也就是几十万，他们用的数字表述和英语一样，用千做单位。我实在没地儿停车，就往里开，经过垃圾车，到了一座很老的楼前，突然听到里面有电钻的声音。这个珍宝楼实际上就是个大院子，做玉的店很多，里面都是靠玉吃饭的人，多是住在车库里接活。这个拐角我从来没来过，出于好奇就进去看了一看。里面是一间十来平米的小房子，还有漏水的声音，电视忽闪着，一个小伙子正坐在角落里磨玉，见我来，也不说话，只抬头看着我。我问："这里卖玉吗？"他用下巴指了一下墙边，原来这里还有一排橱柜，里面有数十件玉雕，雕工纯熟，其中竟然有黄口料。我看到了很少见的黄口料雕的蝉、"世代封侯"，还有嘴里衔着如意的天鹅——"我如意"。在节能灯下看它们总觉得干涩，我不甘心地又拿到阳光下看，没想到更加不爽。这些题材即便是用青白玉雕都是很养眼的，因为造型已经比较成熟，可是用黄口料这么一雕，却显得单薄了。

这么看过，我就理解了古人对黄玉的偏爱，也理解了我对黄口的偏爱，是缘于那些镯子的半弯月光。尽管都是沁色，质检书上也将它们都列为黄玉，但我心里也明白，黄口始终就像床前的明月光，皎洁清淡，而黄玉则是富贵喜庆的吉祥物，它们是两种性格。

当光穿过墨玉的瞬间，
看到的是那夜空中的银河

墨玉县位于昆仑山北麓，喀拉喀什河西岸，距离乌鲁木齐将近两千公里。实际上墨玉县在历史上就叫喀拉喀什县，喀拉喀什本地话的意思是黑色的玉。如今比起墨玉县，喀拉喀什河（又名墨玉河）和玉龙喀什河（即白玉河）更有名。按当地人的说法，玉龙喀什河的源头是昆仑山，喀拉喀什河的源头是喀喇昆仑山。墨玉县在汉唐时期是于阗

国的属地，是古道"丝绸之路"上的交通要塞。我不知道
它何时被改为墨玉的，只知道流经当地的这两条河在中国
历史上很长的一段时间里曾被认为是黄河的源头。

墨玉县人民政府的官方网站介绍当地的矿藏时并没有
提到墨玉，可我想昆仑山北麓是有墨玉的，可能因为产量
不足所以不能当作主要矿藏吧。打听了一下我才知道，现
在这里有名的是沙枣青和紫罗兰玉，它们分别是颜色特殊
的玉和皮，通常只有籽料，所以不能称为矿藏。

行家所说的墨玉，是指以白玉为底的墨玉，是全墨的，
看上去是漆黑的，但经手电筒一打是白光，均匀漫开，这
种料子极少见。我见过一块籽料，还带着一点皮，主人珍
惜得不得了，断然不肯打成别的东西。而我们常见的青花
里的聚墨部分则会被打成貔貅或者鲶鱼，比较形象生动。

墨玉包括点墨和聚墨的白玉底子的墨玉，看起来发灰，
或者是青花里的那种黑，打光也是白的，墨点比较清楚，
通常说的"乌云片""淡墨光""金貂须""美人鬓"等颜色
都是这种。这种墨玉呈蜡状光泽，颜色不均，所以不适合
拿来雕琢小牌或纹饰，但会被制作成镶嵌金银丝的器皿。
在古代，墨玉通常被雕成腰饰，如果做摆件的话则会雕灵

芝。传说慈禧非常喜爱和田玉，曾经梦想用玉做灵柩，但毕竟那时人力有限，只好用一堆玉器陪葬，以了心愿。陪葬品中的一个墨玉荸荠真是让人费解，说拿它辟邪总有点牵强。这荸荠在南方是水八仙中的一仙，水里的茭白、莲藕、茨菰、水芹、芡实、莼菜等都偏白或泛绿，透着干净，唯有荸荠和菱角是外表为枣红色、里面为脂白，正适合用墨玉来表现。为什么偏偏没听说过墨玉雕的菱角呢？传说古时候雕玉，要先用荸荠煮玉使其软化，再用他山之石来琢玉。难道这个和墨玉荸荠有一定关联？

　　商家会把墨碧说成墨玉，实际上和田的碧玉都带有不同程度的石墨点，即便是全墨的碧玉，也不是质量上乘的碧玉。还有一种塔青，是产自塔什库尔干的黑色青玉，最好的基本都是喀拉库勒湖的喀拉库勒河里产的山流水，可以达到羊脂的密度，因为其质地细腻，现在很多地方都是用纯黑的塔青来替代墨玉雕各种器皿和挂牌。更有甚者，用青海青来顶替墨玉。这些都是青玉，塔青肉非常细腻，透着青绿色的光，光感润泽，这些年已经不多见了。用塔青机雕的牌子很容易看出线条，光线和流动感很明显，白玉机雕的效果还不如塔青。青海青剖开之后可以看到层次，光不够饱满，略显干涩。塔青做的吊牌非常多，也有好的雕工用它做茶壶。一把乌黑的茶壶总让人联想到紫砂老壶，很是精致，但是实用价值不是很高。摆那里嫌小，把玩的话又嫌壶嘴娇贵，所以前些年的市场并不景气，但现在基本都看不到货了，好像打麻将的人喜欢这种壶。现在文化人多了，常见有人弄一块青海青来磨砚台，虽质地远不如塔青，但颜色倒比较贴切。

还有把卡瓦石当成墨玉来出售的。卡瓦在本地话是南瓜、葫芦的意思，比如阿克苏一带的人很喜爱吃卡瓦包子，里面的馅很稀；卡瓦也有笨蛋、傻瓜的意思，比如当形容人脑子是糨糊的时候就会说卡瓦。卡瓦石是一种被用来仿冒软玉的石头。在华凌汽配城的楼上，可以看到很多摊位摆着这种比较大的黑石头，表面会进行一定的打磨，因为卡瓦石毕竟是石头，密度不高，表皮粗糙，经过打磨才有光泽，也有一些麻点坑。当你问的时候，一般都是女主人出面，拿手电筒给你照照，依稀看到有点点的绿光，然后用不太流利的汉语说："哎呀，我不知道这是碧玉还是墨玉，喜欢你就拿去吧。"我曾看到两块造型不错的，就买回了家，一来毕竟是真石头；二来我想，这从山里扛出来再打磨加工拿到乌鲁木齐，光是油钱也花费不少。卡瓦石做的雕件虽然颜色也黑，但是不润，而且分量明显轻许多，掂到手里轻飘飘的，所以市场并不好。一般市场上卡瓦石的雕件都会被泡到水里卖，或者涂油来卖，因为上面有很多杂色。

玉石之路的开辟距今已有几千年，据考证，"玉石之路"向东推进的南线是"和阗经民丰、且末、若羌、米兰至敦煌"。还有玉石考古证明这条路一直延伸到了美洲。其实历史上还有一条玉石之路，是在秦统一六国的时候修的，穿越昆仑山，从北麓通到南麓，直奔中原。既作为军事之路，又为了专门运玉，但到汉代才发挥作用。当然这只是传说，但以和田玉在内地的存量来看，大家似乎都宁可信其有。

老付在把青花镯子成功送出之后，又去买了一块黑色的石头，上面有细小的金片，当时大家都叫它洒金。这块也是被打成了一大串镯子之后分发出去，上面的金色可能是黄铁或金属矿伴生的缘故，在几年后脱落殆尽，虽然这样像黑青满天星，但还是很有意义。

新疆还有一种黑色石头，捡到它的人通常如获至宝，那就是陨石。陨石在全世界的数量比黄金和金刚石都少，用放大镜看，上面有不少金点。在北疆阿勒泰地区有不少陨铁，颜色很黑，分量很沉，尤其是切木尔切克古墓地附近的。近百块陨石块堆积成小山坡，鉴别它最简单的办法是拿块磁铁放在侧面，因为里面有铁性，所以磁铁不会掉。由于含铁多，加上氧化时间长，石块表面为褐黑色，质地很硬，而且因为经过高温摩擦，几乎没有棱角，敲起来是金属的声音。说到敲时的金属声，好的和田玉尤其是籽料，敲击时发出来的是钢板声，所以行家常说它是钢板料。陨石是新疆可遇不可求的黑色宝贝，虽然价格不高，但对每个遇到它的人来说是价值不菲的。朋友小董常年在阿勒泰出差，有一次打电话告诉我，他捡到块陨石，我不无醋意地说："你家女婿可为难啊，这个老丈人为女儿把天上的星星都摘下来了，他还能做什么啊！"大家因此一笑。

后来听说因为陨石的科学价值，所以在很多国家，陨石是按克卖的，但不知道为什么新疆的陨石一直都是按块卖的。甚至在几个玉石市场边角的摊位上，常摆着陨石或一些陨石饰品，更有甚者摆有声称用陨铁打成的镯子，这样用貌似锈铁的东西打成的镯子实在让人找不到美感。

在《马可·波罗游记》里还记载了新疆的一种黑色的石头，中国人用它来烧火，可能作者还带了一些样品回去，这就是煤。据说这使得欧洲开始了对煤的开发利用，也为欧洲工业革命奠定了物质基础。

这么多种类的黑色的石，反而将墨玉衬得更加神秘，它们的颜色虽然几乎一样，内在却迥然不同。尤其当那白色的光穿过墨玉时，让人不由得猜想：这到底是几维的空间呢？那一瞬间看到的，似乎是夜空中的银河。

感受石头上映照的自己

在古代，玉被皇家赋予特殊的用途，于是为其带来高贵的身份和使用禁忌。现代商家需要溢价，于是赋予它好的寓意和观赏价值。

现实中确实有很多故事告诉我们，即便只是石头，因为有了人的参与，就会附加文化意义。热合曼大叔和玉的结缘跟他爷爷有关：那是五十多年前，热合曼还很小，家里生活困难。有一天，爷爷悄悄带着热合曼去山里，找到一个标记，挖开土层，里面埋着一块玉籽料。爷爷说这是当年马帮被追杀时丢下的，因为小时候就意识到这是可以要命的东西，于是便将这块籽料埋了起来。直到为了给热合曼买糖，尘封的玉石才得以出土。就这样，热合曼从小便知道山里的石头是可以用来改变生活的。如今的热合曼大叔已经经手了无数的石料，并打成镯子卖，生活已经非常富足，同时还给儿子留了数吨的边角料。他儿子大学还没有毕业就已经开了网店，但到了儿子这里，这类石头只是商品，而不是用来改变生活的东西，能够改变生活的是经营方式和头脑。

高宾是我们认识的一个朋友，二十岁左右时当了汽车兵，当时部队安排他带几个环保考察队员去阿尔金，在那里一待就是半个多月。科考人员在山上忙，他围着汽车转，闲着没事就捡了一块砖头大的石头扔到了后备厢里，下山后因工作需要前后辗转了好几个地区当兵，跨度都在几百公里，每次整理行李时都舍不得扔这块石头。不是因为它好看，而是总觉得那是自己二十岁时的一段记忆。他这辈子恐怕都不会再上那雪山了，于是石头一直跟随他到乌鲁木齐安了家。据说结婚后，妻子要扔掉这块石头，高宾仍然舍不得，还是那句话，这是年轻时的一段回忆。到年近半百时，这块石头已经跟随他三十年了，他才知道这是一块黄口的戈壁料。他说："如果知道是玉，可能在这三十年里，有很多的理由将它卖了以渡过难关，但因为以为是石头，反而保存了下来。"石头无价玉有价，现在，这块石头本身的价值已经不重要了，谁能说石头没有文化，只要有人的参与，石头就有了文化意义，更何况石头的唯一性决定了人的占有欲与石头的归属感。

还有一个领导，当年在南疆工作，因为妻子喜欢腌菜，也比较爱干净，所以就随手捡了几块漂亮的玉石籽料压在咸菜坛子的盖子上，一块那么大的、成色漂亮的籽料在今天是多么难得。它应该比台北故宫那块原石把件要大五六倍，但是在当时因为不过是一块压盖子的石头，所以谁也没上心。二十世纪八十年代的时候，领导升迁调离南疆，咸菜坛子这样不入流又重的东西自然就被淘汰，留给下一个房主用了。没几年，老领导听说了和田玉的价值，立刻派人回去找，坛子还在，至于石头嘛，房主说："我们不腌菜，所以石头早就扔了。"现在每每说起这事，大家都替领导揪着眉头，捏着拳头，悔恨交加。

虽然玉籽料极为贵重，但是如果你珍惜天工，不擅自画蛇添足，那么摆在那里的是一块玉还是一块石头，是没有区别的。如果有，也仅仅是摸上去时感受到的被水冲刷了千年的细腻感，以及石尖上那细碎如指纹的碰口，体会比鹅卵石更加精致的神秘内在而已。但在我看来，二者就是丝绸和布的区别。

从天工奖作品到市场，评价都不乏一句巧夺天工，这在玉器里，尤其是籽料雕件中，指的是巧妙地借用了天然随形或者皮色的技艺，在我看来就如同赋一样，华丽、精彩、细致、工整。但是细细把玩之后，又会有两个境界。刚开始，每看一次就会感叹一次艺术家的境界，从曲线到构图，从手感到冥想的意境。不一定非要多么高贵的料子，就连从酱油缸里捞出来的糖青花做成一个泥螺都可以算是巧夺天工，因为恰到好处地将颜色、质地、选题融合到了一起。但是越好的艺术品再往后就越看越惊心，因为你总会觉得这东西上有那么重的匠心，而且细致到令你失去想象的空间。这时你也许会和我一样，回归籽料。真正的意境在大自然中，即使没有了匠人们的汗珠和世人的目光，石头本身就带着几千年的日光和雪水的呵护躺在你怀里。

抚摸着它就如同细数时光的流逝、追寻的执着，你可以随心情变换而变换视角去观赏它，感受在石头上映照的另一个自己。

南疆每到周六都会有巴扎。巴扎来自波斯语，指大门外边的事情。现在巴扎实际上也是大家必须参与的一项社会活动。各地巴扎特点不一，有的巴扎在路口放一口大锅，里面烧一锅水，每人买一块肉，用绳子拴上，将肉放到锅里炖，绳子在外面飘着，等人们转完了市场出来时找到自己的绳子就可以喝到一缸子肉汤。所以绝不能太晚出来，否则肉就烂到汤里了，那贡献大锅的人还可以多得到半锅鲜美的肉汤。在这些巴扎上，人们并不一定非要买或者卖什么，更多的是来凑热闹的。如果说在巴扎上什么最特别，应该就是笑容了。记得电视台的一个哥们儿回来后特别感慨地告诉我，他去一个巴扎看到有的妇女会从家里杏树上摘一手帕的杏子，到了巴扎就摊到地上，什么也不干，就吃杏子。你想，在那里别说家家户户，几乎路边都是杏树，谁还会花钱买杏子啊。到了散场子的时候，人家又用手帕淡定地包了一包杏核回家去了。后来从镜头里看到这个妇女的眼睛，清澈透明，她无所事事但绝非百无聊赖，似乎在饶有兴趣地看着人来人往，脸上是干净的笑，甚至不需要理由。维吾尔有句谚语：到巴扎去寻找幸福。

　　玉历来就是贵重之物，怀瑾握瑜是一种境界。但很多拥有玉的人并不是真的很开心，因为一旦拥有，得失计较之心便跟着来了。失了玉的贾宝玉才真正通了天地之灵。真正爱玉的人是到石头中去和自然对话，就如同春秋和魏晋时的山水美学。所以和田玉凭籽料为贵，它的价值不仅仅因其稀缺性，更因为其中寄托了玄学的思考和对自我的映照。

第二部

去和田

合还是不合？这是一个问题。

当然，这个问题的前提是人家愿意和你合。老王望着对面的老顾，老顾望着自己手上捧着的玉。

老顾做玉已经二十多年了，当年在铁路上当道班长的时候，可是恨透了石头。长长的铁轨像两根脆弱的面条一样，牵动着他的神经，更多的是让他觉得自己和世界的关系就是这么的绵软，像是一只蚂蚁拉着姑娘长辫子上的两根头发。而和这种绵软相反的就是坚硬的石头，因为每天只有一趟货车路过，所以其余的时间就是踩着硬硬的石头，顶着热热的日头走走路。没有日头的时候就享受那一记右勾拳一记左勾拳般的春风。这种日子他一天也不想再过了，他可以承受所有身体上的不适，甚至觉得挺享受，但是他不能不说话了。

二十多年前，一次重病让他回到了城市。他躺在喧嚣的医院里，内心却无比舒适。因为他已经不会和陌生人说话了，所以也就安静地享受聆听的感觉，于是大家一致认为这是个踏实稳重的好孩子。也正因此，他在医院被病友预定成了女婿。就这样，他留在了城里，再也没有回道班，同时，也失去了那个"铁饭碗"。

失去工作的他，每天就忙着布置婚房，闲暇时就待在院子里听那几个上海知青讲故事，听着听着，那几个花白头发的上海人就要回城了。他们回城后陆续传来各种好消息和坏消息，坏消息是被自家亲戚霸占了房屋，到处寄人篱下打官司；好消息则是用带回去的一块石头换了一套房子。这种故事被上海知青们传得飞快，他的脑筋也转得飞快。要想一夜暴富，置办老婆满意的婚房，就要去"整"一块石头。那时他还没有想到要去和田，只是带着身上的积蓄去了二道桥。

二道桥在历史上就是一个集市，在这里卖什么的都有。他好不容易找到一个卖石头的，几乎没费什么劲，就把手里的钱换成了一块最大的石头。那时的他对和田玉和石头的关系以及玉的种类没有概念，觉得都无所谓，只要是石头就行。抱着那块十几公斤重的石头，他心里踏实又温暖。借着那张铁路上的工作证，他顺利地到达上海，一路上都在盘算是要一套房子还是新娘的衣服和首饰，家里的平房虽然不气派，但是居家用还是够了，再说住楼房怎么能比和父母姊妹在一起更舒服啊。出了火车站，他才意识到自己并没有找到买家，满街的上海人都用怪异的眼神看着这个外来客，尤其是还捧着那块其貌不扬的石头。经过了两个月的折磨，以及在各种地下室寄宿的日子，他开始学着和别人聊天，讲他的石头，讲上海知青教给他的关于和田玉的历史，讲那些神奇的石头换房子的传说，一直说到他连买饼子的钱都快没有了，才终于碰到有人来这个城郊的地下室找石头。

他们是老顾心里所认为的那种有钱人，穿着呢子大衣，在一个泥瓦工的带领下，过来看了看石头，那人告诉老顾这是和田玉，听得老顾当时就一股热血涌上心头。身边那些力巴曾经耻笑过他多少次啊，他除了重复那几句上海知青的话，只有一句"你们不懂"可以用来应对。这下好了，他不用多做解释了，这几个有钱人和他们身上的呢子大衣以及外面停的那辆桑塔纳就说明了一切。但是，有钱人又说话了："这是青花，在和田玉里不是最贵的，这个白达不到一级白，太水。"老顾在接受了一个多小时的关于和田玉的知识普及后，才知道玉是要拿到阳光下看的，还要用手电筒照，外面一个小小的泥浆一样的点就可能在里面形成一大块废料。所幸这块青花只有那么一个小点，他才得以捧了十倍于原价的人民币回到新疆。这一路上他想的不再是房子或者首饰的问题，而是如何买到更好的石头。

回来后首先面对的是新娘的痛骂，在那个年代，尤其是他住的地方，没有什么电话，他也没心打电话回来，所以，在他失踪的两个月期间，家人无法给准儿媳妇一个交代。等他回来，一家人都站在了儿媳妇那一边，他也不说话，先把怀里的人造革包扔到八仙桌上，打开包以后的局势当然在他的掌控范围里了。整整两天两夜啊，他几乎不停地在普及他听来的知识，也不知道是真的学到了太多，还是因为两个月的憋屈找到了出口，反正他一直没有停。等睡醒，他发现全家人喜洋洋地在打扫新房，丈母娘都亲自上门来慰问了。婚礼很快就操办完了，两家人都心领神会地对外人隐瞒了他失踪两个月的细节。

婚后的日子甜蜜幸福，他每天的工作就是去二道桥找那个维族大叔，但是大叔一直没有出现，也没有什么人再卖石头。问得多了，就有人骂他神经病，说石头到处都有啊。这倒提醒了他，应该直奔和田的。

　　对他来说，去和田相当于去北京，甚至比去北京还难。首先是没有了火车，其次是要绕着塔里木盆地走半个圈，全程下来至少需要一周。长途汽车是分段跑的，先坐到阿克苏，要花三天时间，中间在客栈住两个晚上。客栈里有男女不分的大通铺，也有分上下床的。然后从阿克苏到和田，又是三天，不同的是后面一段，车上几乎没有会说汉语的旅客。他想利用路上的时间和当地人聊聊玉，但没人搭理。有个南疆老乡疑惑地看着他说："塔西？我知道，石头就是塔西，玉也是塔西。"南疆老乡没觉得它们有什么不一样的。好不容易有一天，他在住宿的地方看到一辆大卡车，车上都是玉，但是司机不卖，说："想拿自己上去随便拿，能拿动就行。"上去一看实在是大，是炸出来的石块，可是一眼看上去就知道是玉。透明的、青青的，像井水的颜色。有一些小块的，他捡了两块，也够重了，抱着都没法下车。底下的人笑他，石头还不扔下来，抱着和抱窝鸡一样。他脸一红，把石头扔了下去。

　　还有一天就到和田了，他不能放弃，还是应该去和田

看看到底什么样。于是,他就带着这两块青色的石头来到
了和田。经过几天的锻炼,他觉得自己已经很适应维语的
腔调了,那些旅途中的同行者不时地发出爽朗的笑声,每
说几句,后面总会有一阵笑声,让他感到一种神秘和期待。
和热合曼形影不离地待了几天,他觉得喝着奶茶、吃着干
馕的自己,说汉语时都已经带着馕的味道和腔调了。虽然
还是不太会聊天,但是几乎每一次谈话停歇的空当,都有
他极为捧场的笑声,连热合曼都被他的阵势压住了。到了
和田,热合曼邀请他去家里住。在这里的街上是看不到卖
石头的,这一点他已经想到了,实在是因为这里没有人把
石头当成商品。但懂石头的人还是有的,因为他发现有一
些人家的院墙上就排着漂亮的石头。低矮的院墙是用土夯
的,还能看到夹板的印子,这里几乎不下雨,所以适合这
种夯土的方式,院墙的上面甚至中间都会有石头;讲究的
人家会选漂亮均匀的石头铺在上面,这些石头中偶尔有能
一眼看出是白色玉石的,也有透着红亮的石头,上面的泥
土和灰尘都遮不住石头的光彩。大多数是青色的,有点儿
像鹅卵石,但洒点水就能看到透明的青,在老顾眼里这就

是井水，解渴但不金贵。当老顾把砖茶和方块糖摆在热合曼家的地毯上的时候，热合曼还不知道老顾在干什么，一个劲地说："这个样子不好，朋友还当不当了？"一直到最后热合曼才恍然大悟，笑破了肚子。当然，这一笑就让他比其他当地人笑得更久，笑得更明白。

　　到现在，热合曼已经在乌鲁木齐置办了好几处房产了，有一处基本是复制了和田的农家小院，长长的葡萄架下停着儿子的悍马。儿子木合买提今年大学毕业，学的是金融，开的是网店，把生意做到了全国各地。老顾还经常去，和自己认的这个干儿子聊聊玉的行情，听听这小子的见闻。小穆（大家都这么叫）不像老顾，他可不会抱着石头傻等，从小他就知道老顾傻等的经历，他还知道老顾第二次捧着石头坐了四天的火车去上海，还是住在那个菜窖一样的地方，不是没钱，而是怕老主顾找不到他。虽然那次老顾带的确实是好东西，而且老顾已经能给一个院子里的力巴普及和田知识了，可还是等了两个月。那两个月，当老顾的梦想从一开始的万元户降到能吃上蟹黄包的时候，老主顾才出现。他们一露面，老顾的身体就不由自主地表示了激动和欢迎，但是心沉到了底。他看到了自己的被动和无助，纠结中老主顾又淡淡地给老顾普及了山料和籽料的区别，强调了下他在那车上捡的是山料，是用炸药炸出来的，而从热合曼家院墙上扒下来的是籽料，两者相比之下，山料简直就是垃圾，可以直接扔掉，因为它没有皮。这些话在老顾的耳朵边飘来飘去，无非就是这千里迢迢送来的料子就一块大的可以用，他们无非就是要他半卖半送。好在这块籽料的价钱还可以，加上成本不高，虽然没有令老顾成为万元户，但是就做生意来说，已经是一本万利了。可坐在返程的火车上，看着车窗外各种转弯的铁轨时，他是那么怀念道班的日子，虽然恍惚甚至遥远，但明显能感受到自己和铁轨的关联，铁轨不会抛弃他。而现在，他觉得自己就像被绑在了从上海甩出来的面条上，心里憋着一股委屈和愤怒。当然，几年后，老顾已经不和这些人做生意了，但每次想到那个院子时他都忍不住打冷战，甚至再也没有过扛着几十公斤重的编织袋出门的经历。今天的小穆从他这个叔叔的身上首先学到的就是让人等货而不是让货等人，这一半源自他的教训，一半源自市场奇货可居的规律。

那次回来后，老顾没有和人谈天，整天闷着，而家里人已经在劝他媳妇下海陪他一起闯了。在他们看来，一个男人出去的时间太久会出问题的。收音机里经常说："改革开放会放进来一些苍蝇的。"可是老顾没有搭理他们，只是闷头去买了一台电视，家里迅速成了茶馆，媳妇成为全山西巷子里最有人缘的年轻人，也成了标杆式的人物。她每天最盼望的就是天黑的时候，一巷子的人都到她家来看电视，大家都小心地看着她的脸色判断自己的位置。她的嗓门越发地大了，这时叫她去坐长途车跑沙漠已经是不可能的事了，加上不久后她就怀孕了，这事就更不可能了。

就在大家期待着老顾出第三趟远门的时候，热合曼来了，带着他家院墙上稍微有点儿"姿色"的石头来了。原来，老顾实在怕长途出行了，他好不容易积攒的一点词语都在上海的两个月里折磨没了。所以他托人给热合曼带话，请他把院墙上好看的石头带来，到了乌鲁木齐再结账，价格基本是热合曼半年的工资。热合曼家在农村，全村只有他考上了中专师范并留在城里的小学当了老师，一直以来他就是家里的骄傲，也只有他才可以用简单的汉语和老顾聊天，从而开启生命中的另一扇大门。在他看来，利用假期送石头不是什么大事，但是个怪事。这个城里人除了学会傻笑基本说不出个什么，也没见有什么好工作，却对他家的石头这么关注，热合曼也想来看个究竟，毕竟是个文化人，他也想长长见识。而且，到过乌鲁木齐的人在他的家乡是很受尊敬的，他应该做这样的人。

　　一来二去，寒来暑往，热合曼跑乌鲁木齐的次数越来越多，每次都是带一大尿素袋子的石头扔到车上，长途司机都熟悉他了。他只恨假期太少，于是调到了文化局，基本不上班了，只每月跑乌鲁木齐一个来回。老顾不跑上海了，他在南门开了一家玉店，这里有乌鲁木齐的国营玉雕厂，第一次去和田遇到的那辆车就是给玉雕厂送原料的，听说玉雕厂的作品都是送到北京去的。老顾的玉店也不是卖给当地人的，这里离自治区党委和政府大院近，很多人出差去内地就会去找些特产带，虽然卖价是上海的三分之一，但是由于量大，加上基本没人懂山料和籽料的区别，老顾找玉雕厂的小徒弟随便雕点什么也可以卖得不错。热合曼带来的好籽料都被老顾悄悄地放了起来，甚至连自己都去刻意忘记这些籽料，总觉得和地下室有什么关联似的。老顾不管什么时候都坐在店里的太师椅上，手里捧着个小籽料，只眯着眼看，也不动，就像坐在火车上一样。

一晃十年过去，老顾家的门面有一百多平方米了，旁边的街上也开满了玉器店，店名从和田玉到羊脂玉到玉龙喀什河，几乎包揽了所有和玉有关的词。老顾家的地下室已经爆满了，不得不买了栋别墅，好开辟个大房间来搁玉。她媳妇已经辞职在家。老顾也关了门面，到了友好白玉楼，这楼实际上是一个四合院，院子里静悄悄的，街边是一排门面，看似很华丽，但是没有什么干货，都以招揽过路客为主。朝里一圈的每家店都有一个会喝茶的老板，有的还自己雕点什么，或者有老婆在旁边的，边穿珠子边聊天，一派祥和。老顾为什么选择来这里，连他自己也说不清，是因为市场上包括整个和田都没有几块籽料了才把他逼到这里的，还是他受不了那些游客吵吵嚷嚷地要求一折买青海玉镯子，甚至巴基斯坦玉镯子，把他气到这里的；抑或是在原来那里找不到可以真正聊玉的同道中人，还是热合曼把他带到这里的，反正各种原因都有。热合曼从和田一到乌鲁木齐就扎根在这里了，他说南疆人不愿意开门面，嫌操心的事多，这里的顾客虽少，但都是懂玉的。他的玉基本是让亲戚从农村弄来的，亲戚已经买了挖掘机，到处挖玉，原先村里院墙上的石头都被那些做玉生意的商人闻风而动全部弄走了，甚至连很多人家的房子都被这些人花钱翻新了。本来住夯土房子的低保户，这下反而成了最先住上砖瓦房的。他亲戚说："现在和田沿着玉龙喀什河已经被挖空了，整个河道都被守住了，沙石被多少人翻拣过，河道被挖开十几米，除了鹅卵石什么也没有。"现在他亲戚的挖掘机在玛丽艳村工作，主要是进行沙漠改造工程，而这个沙漠在千年前是古玉龙喀什河的河道，所以把十几米高的沙漠一铲一铲地挖开就能看到籽料。一铲子沙的成本是三元，将十几米高的沙挖开的成本是多少已经没人注意了，每天清晨大家就像等待开奖一样围着这个聚宝盆。聚宝盆开奖以后的奖品就会被亲戚带给热合曼，基本上一天之内整个四合院就没有消停过，所有的人围着带来的石头，小心地试探价位。热合曼基本不摸石头，他自己是不开料子的，他只需要赚料子钱就可以了，什么镯子、项链都和他无关，连他老婆也从来不戴玉镯子。在他们的世界里，这还是石头，不过是可以换金子的石头。白玉楼就这样被热合曼牵动着神经，一跳一跳的。

来这里四五年了，热合曼卖了多少石头自己也搞不清楚，后面几年他意识到了原料的重要性，开始要价了，这样一来，就会剩下一些大家不愿意出价的石头。热合曼就自己拿来尝试着打镯子，说来奇怪，虽然是正宗的和田玉籽料，细腻和油润都没得说，但是他打的镯子总是不尽如人意，不是泛青就是泛灰，或者为了带点儿皮子造型总不够完美。总之，和青海料相比不够透，和俄料相比不够白，本地商人不会给他捧场，外地游客则图便宜买那些山料镯子，甚至买青海料和俄料的镯子回去，拿鉴定书上的和田玉冒充说事。这样一来，热合曼更不愿意自己开料了。按照热合曼的眼力，一般的石头他是一眼就能看透的，有一些老乡搞什么羊血石，把籽料缝进羊腿里沁上血色，作为秋梨皮来卖，或者用核桃油在石头上使劲搓，把皮色氧化成油红的，这还算是自然的皮色，热合曼都能看出来，笑笑就过了，当然价格自然会介于两者之间。这种无伤大雅，也可以说是加速了皮色形成的过程，热合曼给它起名叫加强色。现在大多数旅游市场里的玉石为了油润干脆喷发胶，对于那种把石头放进油锅炸的，热合曼基本不会买，不是觉得假，而是这种的成色基本上都不好，油润度也不够。直到有一天，他看到一块黑石头，石头上是黑皮。黑皮一般是古河道历次改道，几经风雨后形成的，往往是水中千年、沙中千年，所以虽然里面的颜色很难看到，但黑皮料相应的也会比较珍贵。这块黑皮料上面开了一个小口，里面是蜡一样的白，在黑皮的衬托下更是格外的白。热合曼这些年在白玉楼什么料都见了，和田很多做玉的老乡一到乌鲁木齐就先来这里，有的是咨询价位，有的干脆直接让他出价或者放这里卖，所以比他在和田老家见的都多，但是这种黑皮羊脂他还是第一次见。一般来说，玉石皮色越重说明密度越低，里面的成色也就很难有纯白的，弥足珍贵，价位自然也高。老乡要价一百多万，他一时拿不出来，所以老乡就主动让价，以八十万现金成交。

　　第二天，不等热合曼决定将它是存起来还是拍卖，整个四合院的老板一大早都挤到了他的小店里。热合曼这些年因为有钱，跑了几趟国外，经常给大家介绍一些国外见闻和人生哲理，可以说是小院的牛人，开了眼界见了世面，之后的热合曼颇有一种长者风范。他热情地招呼大家就位，店不大，又堆满了石头，大家只好各自找了个舒服的姿势，都伸长了脖子盯着保险柜看。热合曼给大家介绍了下黑皮，拿了几个柜台里摆的料子给大家预热，然后拿出保险柜里的那个宝贝，果然大家是一阵唏嘘。没有人见过这种白，一分钱硬币大的洞，白到让人心疼，恨不能剥了皮好好地耀眼，还有人细细地把指尖伸进去感受上面的温润，和外面的黑皮形成了鲜明的对比，但这也恰恰体现了籽料的沧桑。皮也是完美的，上面的毛孔细碎、柔软，不像那种枪打的毛孔，硬撅撅的，像男人的胡子扎的似的。老顾也在围观的人群中，他在琢磨能不能拿家里的料来换这个，但这种事不好在大家面前说，即便他和热合曼交情再好，可无论你家里有多少，一块籽料在谁那里都是唯一的，这一点他比谁都明白。刚开始做玉那几年，每出一个货他都是几天睡不着觉，所以他才开始做山料，反正是像方便面一样的工业产品，又有暴利可图，这样才算是昧着品位把籽料都囤到自己家了。这些年的籽料基本都是沙里挖出来的，皮色都不够靓丽，上面粗糙无光，老顾每天的任务就是拿一把马鬃沾上婴儿油或者核桃渣浑使劲地刷各种籽料，他经手的料子一般都是洒金皮，那皮色经他盘过之后一点点地亮起来，一天天地黄起来，引得很多人没事就来他店里看石头。这种盘过的石头老顾是一定要出手的，虽然这个过程也让他对每一块石头都产生了感情，闭上眼睛都知道哪里有坑哪里有裂。老顾一直坚持一个底线，即收藏的料子都是天然的，不能有一点人工的印记。

转了好几个圈，石头又回到了热合曼手里，可是没有人敢开价。他们也猜到了像这种四公斤左右的羊脂怎么也到百万了，可谁能有这么多现金呢？做玉这个行当和别人不一样的是，凡是赚点钱大家第一时间不是吃肉，而是去买石头存货，仿佛自己遇到的都是世界上最后一块和田玉。所以，此时能一下就拿出这么多钱的没有几个，更何况热合曼也未必肯卖啊。

有人出了个聪明的提议，就是大家估计能出五个镯子的价格，这样的话请热合曼找后院老张切料子，切出五个镯子片之后以每个二十万卖给各家，而剩下的料子光打牌子和珠子也足够热合曼卖个几十万出来了。老顾看热合曼有点儿动心，眼看自己最多也就拿个五分之一，心里犯急便大声地说："这种料子还是想仔细了再开吧，毕竟很难遇到，何况现在料子的价格几乎每隔一年翻一番啊。"热合曼犹豫了一下，其实他昨晚都没有睡着，以他的经验，黑皮一般很难遇到羊脂，毕竟是因为密度低才会不断着色的，可这白色又在里面明摆着，一个晚上他拿着聚光手电筒在石头上盘来盘去，甚至拿同等大小的石头比算密度。他和儿子尝试了很多种办法想测出密度来，毕竟石头造型各异，最后都没有个结论。可热合曼转念一想，既然这条河道被找到了，那说明这种料子还会有的，毕竟是一个矿脉的，自己发动亲戚老乡去找找，总能找到那人和石头的出处的。大家既然都主动溢价二三十万了，也就顺势做个难，要求先付款后开料，如果开不出五个就打了卖牌子。这样，一行人浩浩荡荡地来到了后院，家里有点儿积蓄的顺利交款，脸上透着喜气，没有钱的带着酸酸的涩跟着长见识，大家都笃定从今天起，白玉楼在新疆和田玉市场又要扬名立万了。这对每个在这里的生意人来说都是一件好事。

老顾没有交钱，他对镯子不感兴趣，他想要的是完整的籽料。老张也没有掺和，他是河南省镇平县来的，从伙计干到今天不容易，他能自己单干和老顾有直接关系。当年老张还是伙计的时候，老顾就私下和他商量，趁晚上老板回家后帮老顾雕一些小东西，为了给老顾出彩，他甚至会专门把给老板做的活做得粗糙一些，或者在题材上给老顾创新一下。就这样，一年后老顾出钱帮他租下了今天这个车库。在车库里，老张接来了老婆孩子，还有一个亲戚的孩子也来这里学手艺，基本就是帮忙抛光。老张身上经常到处都是石粉，车库里也到处都是废石头，干了这些年，他手里切出来的废料子或者假和田玉都已经有十来吨了，但凡还能做东西的，他都没舍得扔，谁知道哪天就变得值钱了呢。稍好一点儿的都被他煮到蜡里了，有一口电饭锅就专门干这个的，料子煮一天出来基本就看不到裂了。有些石花明显的他就用酸泡了再煮，反正不是自己戴的，也无所谓。地上常年湿漉漉的，是切石头流出来的水。老张媳妇在医院，家里更是没有点儿人气。他媳妇说是住院，实际上也是赌气。前天白玉楼两个小伙子合了一块料子，总共四万，看起来还挺白，但是切开两个镯子板就看到颜色泛青了。合料子有个规矩，先把料子按照对半分成两摊，两人都同意之后就标上序号，然后两人再抽签，这样基本可以实现公平。其中一个小伙子抽到的有点水线，不够满意就板着脸在老张这儿让手工掏一个镯子出来，因为颜色青，就想在镯子样式上下点工，指望能卖个好价钱。老张也乐得挣这三百元钱，就是在镯子上随水线上几根线条而已，也比较容易。不料想，眼看镯子刚抛光出来还热着呢，老婆的牌友来招呼打牌，老婆手欠，让牌友试这新款镯子，而那女人急着打牌，冒冒失失地戴上，晃了一眼就拔出来，一使劲直接磕桌子上了，于是镯子上有了一道裂。小伙子看到这个裂先是不高兴，接着突然反应过来了，对老张说："这个镯子的成本你是知道的，我把合料的钱拿回去就行了。"老张吃了哑巴亏，小伙子数了钱回去，高高兴兴地琢磨那个镯心和边角的料去了。老张回身把老婆一顿骂，家里顿时鸡飞狗跳，几个牌友之间的关系也乱七八糟了。老婆想不通就喝了居委会发的灭蟑螂的药，幸好送去

医院被抢救过来了，但她好了也不愿意回家。所以老张家
这段时间都比较寂静，连吃饭都是悄悄的。

　　老张不掺和合料的事还有一个原因，即在他看来，合
料八成是其中有诈，因为这个院子里不缺钱，缺好石头，
怎么会有人把好好的料送人呢，一定是拿不准，或者说是
想分担风险。合料最早是十年前开始在这里普及的，通常
是一个人买回不是明料的石头，有点儿吃不准，如果另一
个人看到了并且估摸着原价还有上涨的空间，就会主动来
商量看能不能以一个高点的价位合一半股，如果之后还有
人看好的话，则在争得前两个人同意之后也可以以更高点
的价位参股。这样做，一来是为了分担风险，二来也是彼
此交流经验和分享故事的方式。这种方式后来经常出现在
拟上市公司股份的运作上。大家一起商量着等石头切好后
再平均分配，然后通过抓阄，获得相应的分量，这算是很
原始也很公平的合料规矩了。老张则不用，一是因为所有
的料最后都会被送到这里来切，切好了，他就问其中抓得
好的或者心情好的那个要点便宜的边角料，这种料子又没
有风险，合料的人又不好意思加太多的钱；二是因为如果

合料一旦失败，那么他和合伙人的关系一定会变得有些尴尬，像他这种手艺人是绝不能和料子的庄家有什么问题的。所以无论怎么盘算，他都要忍住不能掺和到其中。

和田玉籽料有个特点，就是像一团煮熟的稀饭，如果是糯米的就是一团面面似的羊脂，感觉用刀切时会有切刀削面的劲道，没有任何经络或者水线；如果是夹生的就有石花，一丝丝一团团的，显而易见其密度是不均匀的，有的明显用肉眼就能看出来，有的则需要用手电筒才能看出来。如果是一般的像大米或者米粉熬出来的，那么就会清澈一点儿，不像羊油一样，倒像稀饭，这种白可能是荔枝白或者桂圆白。还有一种青花料子里的白，之所以能成为青花就是因为有墨穿进去了。青花一般来说黑色聚墨的浓度都比较高，所以经常说青花出羊脂，但散墨的一般都比较偏青，周围那白色也比较稀，所以墨点容易晕染开。籽料还有一个特点，就是像开锅后突然僵住一样，基本上都可以在皮上看到大圈的纹路，也可以看到尖上的碰口和腰上的质地。一个好籽料的形状一般都是椭圆形的，所以合料的人一般都是顺着长的那一侧切片，两头主要靠皮，中间主要靠肉。基本上切片的料子，大家都会用它先出一个镯子，然后才计算边角和镯心，这时两头的就会有带皮的镯心，虽然中间的部分出的镯子比较工整，但是镯心没有了籽料的"身份证"。所以只要籽料没有裂或者是明显的砼，就不会影响大家的利益。

合料子的人中最激动的要数"假小子"，她才从和田回来，因为她是第一次去那儿，去的时候是和老乡小董一起，搭伴是为了图个安全，而且对她来说出门带了二十万已经够让她心惊肉跳的了。听说那里取款不够方便，她觉得还是带着现金比较实用。小董虽然也是福建人，但是两人的套路完全不一样。小董到了玉石市场后，但凡看到不错的料子，他都冲主人远远地用手一指："下午四点到友谊宾馆来！"等他中午美美地睡一觉，四点开始开门迎客时，门外已经候着许多的巴郎了，还带着他早上看好的玉。其实在巴扎上不缺买主，但是缺合适的价钱，好石头那是要等出好价钱的，即使卖了好价钱也不可能在市场上就数钞票的。所以，即便料子再好，很难当天就卖掉。于是大家都知道这次遇见的是个大买家，所以下午就排队来宾馆等着了。小董从来不缺朋友，以往每次来时，雇的翻译总是在干好本职之外兼管秩序，其实说是翻译，小董可真没想怎么沟通，他只认石头，不听故事。在他看来，所有生意中的故事都是为了谋利的，不能听也不必听。一块块料子从小董的眼前过去，小董只有两个字："不要。"没有过多的交流，也不需要手电筒，小董认为第一眼就不招人的玉是没有灵魂的，必须表里如一才好。直到遇到了一个芒果，那是一个不用盘就自然发红的芒果，熟透了的红，红里透着白光，形状饱满如苹果芒，抓在手里满满的，有种海水涨潮时溢出来的感觉，像捏了个小心脏。虽然是凑热闹，但"假小子"的心情被小董搅和得七上八下的，小董竟然以八十万的价格毫不含糊地拿下了。"再好也不过手心大啊"，"假小子"郁闷地走到宾馆外面。之前被淘汰的人并没有走，正抱着石头在墙角聊天，看到"假小子"出来就都围了上去，其实他们的这些料在"假小子"眼里都是不错的，毕竟现在很难看到真品了。可是经过了里面的那场"洗礼"后，"假小子"也混乱了。在商场租柜台卖玉的她历来都是靠同乡开料加工后给些成品糊口，一直卖了三四年她才有机会接触到料子。商场的玉虽然卖得贵，但是真正的盈利率不高，加上成品本身已经没有太多溢价空间了，所以她毅然来到了白玉楼，开始了买料加工的生意。在乌鲁木齐买料基本靠碰，到这儿来突然面对这么多料子，她觉得透不过气，所有的知识都变成了空白，看到的每一块料子也都不能与以往的经验对应上，忙乱中她选择了一块七八公斤重、灰褐色皮间或有白色的石头。这种颜色她比较敢确定是真的，价钱也不贵，谈到了七万的时候她犹豫着拿进房间给小董看，小董笑着说："你还挺能的，自己挑上了。"看到"假小子"有点儿犹豫，小董说："既然你是第一次买，我帮你分担一下，合了吧，各一半。"就这样，"假小子"心情释然了很多，付了钱抱着石头开始琢磨纹路，此时小董把下午收的石头装了起来，也不多，就三块六七厘米见方的纯白籽料和一个芒果，一百多万这就花完了。小董把"假小子"的大石头拿起来问她："你最担心的是皮子不好看，还是肉不细啊？""假小子"没有吭声，心想："对你们这样的人来说三万五什么也不是，可对我来说那是一年的房租啊。"只见小董挤了一手擦手油，等搓热了就开始对着石头慢节奏地搓，那劲儿有点像把小孩放到腿上让他趴下开始推拿，可没搓几下石头上的灰就褪去了，且随着热量的增加石头表皮开始有黄色出现，对此"假小子"几乎屏住了呼吸。"神奇吧？呵呵。"小董把石头拿到窗户边放在阳光下仔细看着，自言自语道。"这个油有什么问题？""假小子"不知道该怎么表达了。"没什么，就是氧化反应。"小董很随意地说，"不过你确实是捡了个漏。"他招呼翻译帮忙抱着石头，领着"假小子"去门外，而他自己则守在房间里，估计是因为自己守着石头更放心。"假小子"跟着翻译出门，发现院子里那些人还没有散去，看见自己出来又再次全涌过来给她看各种皮色，现在"假小子"才发现自己当时挑的石头多么难看，就因为它便宜而已。

翻译带着"假小子"去了街边的一个玉器加工店，所有的人都跟着进来了，包括刚才那个卖给"假小子"玉石的巴郎。店主按照小董指的地方打了一个眼，灰亮的皮子下面竟打出水白的一块，虽然白得有点儿透，但是质地竟然纯净如水，没有什么石花或者纹路，大家哗然。那个巴郎开始和翻译谈回购，说要出十万买回去，"假小子"根本没有听进去他的话，抱起石头就回了宾馆。就这样，"假小子"的第一次合料竟然非常圆满。虽然当时她还不懂溢价和故事这些说法，料子放在店里，小董的意思是多盘几个月，也是做广告了，反正成本不高，现在卖的话空间小，不如放一段时间。用时间换空间，这是小董的名言。

回来后，"假小子"一直在总结。经过小董的点拨，她总结出以下两点：第一，这块石头皮色一般，形状一般，没有透出肉色，不是巴郎一眼能看懂的料子；第二，籽料的泛青打磨成器的时候是会返白的，这一点当地人一般不经过多次加工是不会明白的。因为他们不加工，所以明料在和田卖得很贵。小董经历过一次，亲眼见一块天然的四色玉籽料寿星被当地人以几千元的价格卖了，那可是青花的长袍，白玉的胡须，糖色黄玉的额头，还有一圈白色石浆做的脸型。这在当地巴郎眼里算青花杂料，可是在内地人眼里这就是一个难得的宝贝，连花纹和皮色都那么和谐。而且即便只是块籽料也不止值这点钱呢，没多久就听说有人以二十多万买去收藏了。现在这块四色玉的"寿星添福"还被挂在某网店作为镇店之宝，即便是在网上也算是奇玉了。所以，"假小子"总结出了一定要买当地人看不懂的玉，这样才有盈利空间的道理。她回来后几次想开了石头卖镯子，但是都被小董拦住了，小董其实很少会买这种需要开的料子，他手里完整的明料、籽料就有上百颗了，这种大的石料他也是顺道截和，一来不急于套现，二来也想等等合适的价位。

这一次合料让"假小子"心存不甘，虽说以三万五的本钱买的，也至少赚了个四五万，但是想想当时小董的干预心里就懊恼，再加上这块料子只能看不能卖，所以她每天只能在上面不停地刷蜡，希望能令它更加增值，另外就一直瞅着机会想再动手买一块。正好这个机会来了，她关了店门就去附近店铺里凑热闹，那时老王正在她店里聊天，她听到有这么个石头宝贝也跟着来了。

老王是一个知识分子，从来没想过做生意或者挣外快，每天琢磨的不过是怎么上课多拿点课时费。作为大学老师，上完课就闲着了，也没有什么社会活动。因其夫人一直喜欢买石头，偶尔有一次给夫人买节日礼物去了"假小子"的店，从这里接受了玉石知识的普及，之后又辗转认识了老顾。老顾这些年生意做得顺风顺水，可总觉得有点缺憾，也是为了弥补当年"失语"的岁月吧，天天在店里找人聊天。现在有很多人如果想投资玉石就会来这里等好料子，老王不知不觉间就在这里扎了根，每天提着讲课教案的布袋子在这里一坐一天。大约一两个月之后，他就开始动手买玉了，先是买便宜的加工品，后来慢慢眼力不错了就开始买边角石头找人加工，一直到这个月才明白籽料的皮就是"身份证"，而一般的边角是不带皮的，所以这次他也跃跃欲试想买一些，心想有这么多行家参与的石头一定不会差了，总比自己去冒险好。

老王拿着石头进了老张的车间。此时，热合曼正抱着料子和老张絮叨张夫人的病。

"男人嘛，不要和女人一样。"热合曼直奔老张的心病。

"热合曼，你是明白人，我老婆就是爱显摆，这下好了。"

"石头这个东西是有心的，说不定是帮你躲过了一劫呢。"老王想打个圆场。

"看看今天这块石头，这可是难得一见的石头心呢!""假小子"想尽快回到正题,又说,"这石头和人的性格一样,看这个黑皮,就像咱们热合曼,平时黑着脸,实际上心肠很好,羊脂一样干净!"

热合曼突然把脸一黑,抱起石头二话不说站了起来。

大家都惊住了,平时热合曼都是和颜悦色,今天怎么说翻脸就翻脸了。看到热合曼的脸色很难看,大家自觉让出一条路让热合曼走了。没人敢跟着热合曼,大家都怂恿老顾追出去。

追到了热合曼的店里,老顾一个劲地说"假小子"嘴巴就是笨,说今天这个时候切玉是不太合适,但是热合曼始终不搭腔。老顾眼看着热合曼把店里的东西收拾好,抱着黑皮锁门走了。

一连几个星期过去,白玉楼的人从每天讨论黑皮到最后没有人再提那块石头了,其间热合曼让儿子把钱送还给了各家,自己却没有来。

又一个月后,到了收房租的时候,大家才反应过来,热合曼已经两个月没来了。老顾去他家一看,才知道热合曼回家乡了,和他儿子聊天之后才知道了事情的缘由。原来，热合曼那几天一直对黑皮心存怀疑，本来希望几个人一起分担一下风险，到了老张那里却又临时改变了主意。他出门后就直奔和田，去了才知道根本没有发现这种黑皮羊脂的矿脉或者水域，而是当地来了一些人，专门在和田的石头上打洞，往里面灌进羊脂状的树脂，借此蒙了不少行家。除了这些，那些人蒙人的方法多了去了。热合曼不知道是受了打击还是怎么了，回到当年待的学校，在校园附近买了个院子住下了。不过他的儿子却把生意做到了内地，虽然几乎没有看见过他回新疆进货，但听说分店已经开遍南方各大城市了。

从热合曼家回来，老顾也像失了魂，白天也不去院子了，导致院子里好像突然少了灵气，连花草都显得憔悴了。虽然如此，但院子里还是有很多人，大家围着内地运来的各种石头起名字。一时间，老顾突然发现原来全国各地都卖和田玉，罗甸玉、韩料、俄料、青海玉都统称和田玉，甚至连很多石英石也成了和田玉。卖发胶的、卖石蜡的各种给石头上光的副业也兴旺了起来，院子里的人进货基本不去和田了，都是去河南、云南一带。每人上班的第一件事就是拿个刷子给那些俄料、韩料打油，偶尔有块真正的和田玉就被他们拿在手上不停地从鼻子上、脑门上蹭油。老顾已经不和他们说话了，唯有和老王还能聊几句，也只有老王还一根筋地盯着和田这两个字不放，只要让他碰到和田的石头，他几乎会倾其所有地买回去。而且他和老顾有一个共同点：不会给自家存的和田玉抹油或者打蜡。可是，真正的和田玉不光难找，价位也基本上没有什么漏可以捡了。

老顾实在是想给这个学徒一些机会，总觉得也是给自己一个机会，算是回报和田玉还是什么，他也说不清楚。每天看着热合曼空空的店面，心里也是空落落的。抱着这么多的玉，他又一次感受到了在铁轨上的日子。

一个巴郎带了一块和田石头来了。

老王也来了。

合，还是不合？仍是个问题。

第三部

手艺人

这是一个手艺人寻找自我的时代。

二十世纪九十年代，杨成刚高中肄业，除了读《三国演义》，他不知道还能做什么，就连工作单位，他也只知道个叫"政府"的地方。同桌陈丽和他同病相怜，也希望通过苦学改变命运，不过陈丽考上了大专。临别时，她告诉杨成，说班上有个特别有钱的同学，家里是在镇平做玉的，让杨成不要放弃，当不了文化人，至少可以当手艺人。听了她的话后，杨成借钱去了镇平打工。镇平的玉店很多，杨成找了个包吃住，每月还有一百元生活费的活儿。从此，他就和玉结下了缘。

那时的杨成，只知道像个小工一样，每天做些切石头的活儿，以为天下叫玉的都一样，色青，磨出来的粉和水泥灰没啥区别。杨成磨了有半年，才被允许进屋做些切割小块的玉的活儿。老板说切割的大小和形状很有学问，要在料子的范围内尽可能切割得饱满些。这个饱满的度他拿捏了快一个月。后来，老板让他们每天晚上都去陪师兄们一起雕玉，这时他才明白为什么要饱满。原来师兄们雕的都是笑眯眯的佛，是脖子上戴的挂件，只有拇指大小，线条少，算是人物雕像里最简单的了。起初要先用肥皂练，等熟悉了形状再学磨大样。每次雕脸的时候，杨成都不由自主地想到丁老头。那是初中时，大家都熟悉的速写口诀——一个丁老头，借我两个蛋，我说三天还，他说四天还。按照口诀来画，一个人脸很快就画出来了。三年后，杨成觉得自己闭着眼睛都能雕佛了，也终于能分清佛和罗汉的区别了。他们雕的佛是弥勒佛，背着大布袋子的叫布袋罗汉。雕了成百上千个挂件后，杨成也终于清楚地认识到自己只是个学徒，只能做岫玉的工，再好点也只是做南阳玉、蓝田玉的工，想要学会雕和田玉，还需要五到十年的时间，且前提是有天赋。杨成没有勇气和老板谈出徒后的工资，何况他越来越觉得自己在雕玉这方面没有什么天赋，也就能混饭吃。他老爸总说他爷爷奶奶只会讲《山海经》《三国演义》《三字经》，说到底只会讲故事，没文化，所以才当了一辈子农民。做个手艺人是他老爸的梦想，也是对他的期待。眼看着自己学了三年玉雕也只是把《山海经》和《三国演义》背熟了而已，杨成觉得不能再这样下去了。他向老板提出了辞职，虽然他还不知道下一步该做什么。带着这种丧气的想法，杨成在与老板告别的时候，老板把最后一个月的一百元工资折成了二十几块用南阳玉雕的罗汉让他带走，他也没说什么。他还记得，老板当时对他说："这是你这些年雕的次品，我就不收料子钱了，你把它们都带走吧。"

那年是一九九五年。

离开时，杨成没有回头。他没有回家，而是直奔新疆去了。他要带着他的手艺去盛产和田玉的地方看看，至少要对得起自己这三年的付出。这三年杨成没掉过一滴眼泪，也没时间去想这事，直到坐上火车，数着身上积攒的几百元钱和几十块玉罗汉，他才不禁悲从心来，号啕大哭起来。郑州是中转枢纽，上车的基本都是在半途就下车的乘客。杨成蹲坐在列车接缝处，哭声被火车的哐当声盖过去了，他便索性让自己哭个痛快。可当他真的吼完两嗓子，又觉得很无趣。在这没有家人、没有同学的几年里，他已经不知道怎么宣泄自己的情绪了。他低头在被他坐到屁股底下的尿素袋里翻找毛巾，手却被编织袋上的丝划了一下。等他把毛巾翻找出来，发现手上的伤口又裂开了。他看着自己的手，心里一阵难受。虽说是农村孩子，可高中之前家里几乎没让他下过地，父母总说他这双手生来就是文化人的手，可这些年为了学手艺，他的手已经被折磨得像油画《父亲》里面的手了。常年被石头粉侵蚀、被水浸泡，雕玉时被误伤的变形的手，没有变黑，没有茧皮，没有经受刀光剑影却被削皮蚀骨；指甲盖也没有了光泽，食指的指甲被削过好几次，已经不怎么长了，变得厚厚的。手艺人的手都像菜板子，杨成想。

既然哭不出来，还是及早扎进人堆里去吧，他还不知道新疆人长啥样呢。杨成想着，拿起编织袋，提着小包穿梭了几节车厢，然后他才意识到，新疆人和他长一个样。其实，他想象的新疆人是啥样他自己也说不清楚。路过一个特别闹腾的座位，围观的听众都站在过道里，杨成穿不过去，干脆也站那儿听了一会儿。原来是一对去上海旅行结婚的新人，女的漂亮大方，男的爽朗英俊，男的在给大家讲股票。听了一会儿杨成才明白，好像是说在"宏源证券"卖什么号的时候买了不少，隔了几天就翻了十倍左右，把赚的钱放在了股票里，然后去上海旅行结婚去了，玩了五六天加上路上耗费的时间，总共十天，发现股票里的钱又多了一倍。杨成觉得"股票"这个词好像在哪里听过，但没理解是什么意思。新娘的口音听起来像是老上海人，应该是资本家一类的。因为新疆人不懂股票，所以他俩才发财了。杨成听完后是这样总结的。

列车员在车厢里来回穿梭，几次搅局之后人群渐渐散了，有些人路过杨成时嘴里还念叨着骗子，还有一个老人坐在角落里说："总会有那么一天，看看你们这些小资本家怎么过。"杨成没走，他干脆坐到新人的座位旁边，把军用小包里的罐头瓶子掏出来，准备接水。他把罐头瓶子里的那几十个挂件倒进包里，这一番折腾引起了新郎的注意，他好奇地和杨成聊起了玉。杨成只说自己是个雕玉的，不懂玉，尤其是佛和罗汉的区别，他更说不出来，不过他知道这俩都是保平安的，也是皆大欢喜的意思。让杨成觉得无地自容的是，当新郎和新娘突然说要买一对的时候，他竟然连个报价的心理准备也没有。好在新郎爽气，拿出五十元挑了一对弥勒佛。杨成的财产一下多了这么多，他感激得不知道该说些什么，更不知道该怎么和这对新人聊天，简单说了几句就直奔餐车去了。五元的豪华盒饭还剩几盒，杨成赶到的时候餐车刚推回来，列车员看了杨成一眼说："收底了，五元两盒。"

杨成坐在餐车前的椅子上，餐车上放着两盒盒饭。虽然饿了很久，他却吃不下去，忍不住又把挂件拿出来看。干了这么久，杨成像第一次看到这些挂件一样，越看越好看，尤其是那张笑脸，就是一道美丽的弧线。左右看看没有旅客，杨成把挂件包好放进包里，然后把包放在腿上，用一只手抱着，另一只手打开盒饭开始享用。

一进甘肃，映入眼帘的全是黄沙戈壁，本来也没什么可看的，何况杨成的心思已经全在卖玉上了。每个车厢他都进去过，找到空座或坐在走道里时，就会拿出玉来看，不过没什么人和他搭讪。他开始抱怨为什么要有晚上，为什么要熄灯，影响了他做买卖。等到了新疆吐鲁番的时候，他才真正感受到出远门是什么感觉。列车里播放着欢快的音乐，车上的人们纷纷开始归拢行李，这样的感觉让杨成有些兴奋。大半天之后，列车进入了乌鲁木齐境内。

排队下车的人群中有一个老汉，拎着好几个大包，杨成帮他把一个大包扶上肩，老汉转过脸看了杨成一眼，问："你是河南人吧？"杨成好生奇怪，不由得问道："你怎么能看出来？"老汉哈哈大笑："我们新疆什么人都有，一眼看出来很正常。"杨成不好意思了，也笑起来："您老人家是哪里的啊？""江苏苏北的。"老汉瞟了一眼杨成，"算半个老乡呢。"杨成知道苏北的很多人是从河南跑去的。半个老乡也是老乡啊，杨成一路小跑紧追着老汉朝出站口跑去。

"叔，您这是去哪里啊？"

"阿勒泰。"

"阿勒泰是个什么地方？"

"离这里千把公里。"

杨成很失望，他不想再往远处跑了。

老汉回头问他："你去哪里？"

杨成张口结舌，顿了半晌，说："乌鲁木齐。"

老汉笑了："这就是乌鲁木齐啊。"

杨成把玉拿了出来，说："我想卖这个。"

老汉沉思了一会儿，说："乌鲁木齐的大商场是红山商场，人最多的地方是小西门。"说完便迈着大步走了。

红山商场确实大，下了公交车，杨成先看到的是不远处的一座红色的小山，名字也很容易对得上。可是进了商场，他发现里面全是柜台。杨成鼓起勇气问保安，他能不能在柜台上放一些玉卖，保安把他轰了出去，还对他说："我们是国营商场。"杨成想，可能国营商场不让卖玉吧。改革开放也好些年了，私营的店铺其实挺多，但一路看过去，基本都是卖衣服和开饭店的。杨成就一路问着去了小西门。

小西门没有门，在它附近有一个十字路口，据说叫大西门，路口有一座行人天桥。杨成觉得乌鲁木齐和他想的不一样，小西门也和他想的不一样。这里看得见的店铺都是卖衣服的，杨成以天桥为中心朝四个方向都跑了一圈后，天也凉下来了，一天只吃了一份凉皮的他沮丧极了。坐在天桥的台阶上，他把玻璃瓶里最后一滴水也喝干净了。这水是他吃凉皮时从凉皮店里灌的，现在他找不到凉皮店在哪个方向了。东张西望了半天后，他终于发现，原来凉皮店就在天桥的一个角边上。杨成兴冲冲奔去要了一罐茶。

他不好意思在店里待着，便捧着茶回到了天桥的台阶上，但又不好意思让凉皮店的人看到，便跑到了对角的台阶上坐下。这时候，他才有心思好好看看大小西门。人很多，店也很多，可是没有他能卖玉的地方。要不就是要收柜台费，要不就是把他直接轰出去。杨成想：等太阳落山后睡在天桥上不知道会不会被打劫，毕竟身上还带了钱和玉。想到这里，他把包里的玉倒出来数了一遍。还有二十块好的，一块有裂痕的。他把好的按大小及雕工排序，想着反正天还早，慢慢排着。

"多少钱？"

杨成抬头，看见面前站了一个中年男人。

"五十。"杨成下意识地报价，实际上他心里想的是火车上的价格——五十一对。

那男人蹲下来仔细看了看："是和田玉吧？"

杨成茫然地"嗯"了一声，继续拨弄着那块有裂痕的。男人看到他的手指，问："你是雕玉的？"

"是啊，"杨成抬头，"这些都是我雕的，真价实货啊。"

男人饶有兴趣地挑起来，边挑边问杨成在哪里学的，到新疆几天了，等等。最后说："还是你来帮我挑吧，四十行不？"杨成非常实诚地挑了最好的那块，卖给了面前的这个男人。

没有线绳，没有包装，不过这不影响他俩的交易。

男人收好挂件，站起来对杨成说："新疆有钱人多，你是个手艺人，可以好好在这儿发展。"

人是需要鼓励的。杨成把编织袋放在一旁，拿出一件深色内衣平铺在地上，然后把挂件仔细地摆在上面，对着路过的每一双脚大声说："自己雕的和田玉，便宜卖啦。第一天到新疆，便宜卖啦。"

新疆的夏天，到十点钟时天还没有黑透。出乎杨成的意料，不到两个小时他就卖了六件，共卖了二百二十元。当然，杨成实诚地把最好的都推荐出去了。

晚上，杨成在小西门巷子里的一家小店住下了。洗了个澡，回到小房间时，他发现四个铺就他一个人，连喜悦都没人分享。杨成把剩下的玉拿出来仔细研究，突然觉得自己的决策有点儿失误。剩下的都是不够好的，人家一眼看过来时，看不到好的怎么能行呢？他开始后悔自己主动

玉见

给人介绍品相的事，让他们自己挑未必能挑最好的啊。想到这里，他恨不得抽自己一耳刮子。

第二天一大早，杨成到小店吃了一笼小笼包，底气十足地带着一玻璃瓶的茶又坐到那个台阶上，铺上内衣，把剩下的玉摆开。不过，这次他没有再给它们排序了，而是分成两堆，一堆是好点儿的，一堆是差点儿的，吆喝也变了："自己雕的和田玉，二十元起价。"二十的当然是最差的，对于好的那堆，杨成的心理价位是三十以上。就这样，到中午的时候，杨成已经卖得只剩下两块差的和一块有裂痕的了。

揣了一兜钱的杨成冲进一家抓饭店，吃了生平第一份抓饭，感受了一次没有膻味的羊肉。吃饱后，他抬起头朝四周看了看，看到别的顾客去加饭老板也不收钱，于是，杨成也加了一份饭。酒足饭饱的感觉并没有让杨成踏实，一兜钱也没让他踏实，反而让他产生了强烈的不安感。下一步该干什么？想一想这几天的经历，杨成觉得简直就像是在做梦。

留在这里，这是杨成发自内心的想法。不知道原因，就是喜欢，如果非要总结的话，那就是这里没有玉店，没有讨价还价，也没有那么多亲戚。他在这里见到的人看起来都很轻松，尤其是凉皮店和抓饭店的老板，都一副很开心的样子，让杨成更加坚定了留在这里的念头。可怎么留下呢？没有玉的杨成走路都感觉轻飘飘的。

玉，杨成第一次觉得自己的命运和玉是连在一起的。回去找玉吧，没有第二条路。

一路狂奔到火车站，杨成发现已经来不及买票也买不到票了，便跟着一个手里有接站电报的人混了一张站台票，踏上了火车。

通过几个月来回地实践，杨成已经明白了一个道理：天桥上的新疆人几乎没有怀疑过玉的真假，他们也没有意识到和田玉和其他玉的差别。回到河南的杨成专挑带有青色和白色的玉，而蓝田玉半青半白的多，岫玉白黑的多。师傅说蓝田玉在古代实际上是被用来做瓦当的。杨成也很奇怪，自从离开作坊后，他就突然开始改叫老板为师傅了。

杨成突然特别想知道这些玉跟和田玉的差别是在于颜色还是质地。师傅说这两种都是蛇纹石，和田玉是透闪石，完全不是一类。在镇平还有几种透闪石卖，是白色的俄料和青海料，一种是死白，一种是玻璃白。这两种料因为含有比较高的石英成分，所以雕起来比较脆，价格也比蓝田玉的高。杨成没有去看，只买了一些蓝田玉和岫玉的挂件，包括佛、罗汉、貔貅等，还顺带买了一对黄色透亮的蓝田玉手镯送给陈丽。

因为对市场的了解，加上他进的挂件也越来越便宜，很快，杨成手里积攒了一千八百元。怀里揣着一千八百元的杨成突然不想马上回河南进货了，他想有一个挡风遮雨的地方可以栖息。首先，不能在天桥上卖东西了，天也冷了，冷得手都不想往外拿。在天桥上匆匆走过的人们根本不想停留，又怎么可能会买玉呢？

之后，杨成寻了一个可以卖玉的院子。从红山往北走几公里，是地矿局的后院。院子里有几排平房，因为盖了楼，大家都搬楼上去了，所以这里也就闲置了起来，地矿局的人干脆把闲置的院子往外出租。靠着地矿局珍宝大厅的门面房都租出去了，往里走是打通的平房，大厅里面一溜溜的柜台，几乎都空着。杨成在院子里转了两天，认识了一个河南老乡王师傅，这老乡做玉有些年头了，杨成一口一个哥地陪了两天，两人就坐在柜台外面聊天。

"王哥来新疆多久了？"

"早几年吧。"

"王哥是镇平的吧？"

"不是，你是镇平的？"

"是啊，我是学雕玉的。"

"雕玉？"

"是啊，听说新疆有玉，俺来看看有没有活干。"

听到杨成努力强调自己的终极目标是雕玉，王哥慢慢地放松下来，开始给杨成介绍新疆的和田玉。王哥非常喜爱和田玉，几乎不提蓝田玉、岫玉之类的玉，他说："中国历史上，如果说到玉，只有和田玉配得上，翡翠是和田玉近代的替代品，是没有文化的，只有和田玉能和古代君王、君子联系到一起。"杨成如饥似渴地听着。他想当王哥这样的文化人，"君子"这样的词在《山海经》里可是没有的。他们的谈话几次被维吾尔巴郎打断。杨成发现，这里来来往往的巴郎比顾客还多。原来很多南疆来的巴郎带着玉不愿意多停留，就直接送到这个院子挨家挨户地卖。王哥的眼力非常好，几乎是扫一眼就能知道真假，而巴郎们拿来的基本都是真的，所以问题一般都在价钱上。当然，时隔十年之后再去回想，杨成才意识到，曾经在自己眼前晃过的一箱箱小石子都是稀世珍宝。

和王哥在一起待了两三天后，杨成基本理解了他的生意经。在新疆，能来这个大厅买玉的都是文化人，王哥就是借眼力帮顾客省掉学费。在玩玉的圈子里，很难买到好东西，说不定还会碰上假货，这就叫交学费。在那个年代，假货是指蓝田玉、岫玉，高端的假货是指俄料、青海料。那种拇指大小的小石子，十个以上拿货，也要一百多一个，但是卖的时候一般可以卖两百一个。王哥最得意的是他攒了一年，凑了十一颗花色一样，半红半白的石子，最后以一万成交。那红色是皮氧化色，半红半白叫天地皮，能凑出十一颗是挺难得的一件事。一节柜台的月租只需要三十元，一间门面房的月租是五百，王哥不是负担不起，用他的话说，在柜台这儿可以见到更多的巴郎，还可以有谈价的余地，加上他卖的石头太小，不需要门面。再说，门面里的货都是卖给不懂玉的人的。当然，十年之后王哥最痛惜的一件事就是他竟然卖了十一个一般大小的天地皮玩籽，那才是稀世珍宝呢！

杨成在第四天毫不犹豫地租下了王哥附近的一个柜台，虽然空柜台很多，但是他心里知道不能离王哥太近，别让人家嫌弃他。租下柜台后，他什么也没有添置，除去柜台的三个月租金，附近租的小房间每月一百元的月租，加上这三天吃饭的钱，杨成口袋里就剩一千三百多了。在柜台里找了把破椅子坐下，杨成用红砖的角在背后的墙上写了"玉雕"两个字，然后就望穿秋水地等巴郎。到了半下午才来了一个巴郎，照例直奔王哥那里去了。只见王哥看了半天，和巴郎讨价还价了十几分钟，巴郎合上箱子看了杨成一眼。杨成立即抬头把目光迎上去，对他说："什么好东西？让我也看看。"箱子里装的是籽料，杨成凭感觉认为，王哥能讨价还价的一定是真货，于是问巴郎："你怎么不卖啊？"巴郎说："一百一太便宜了，我从南疆来一趟不容易，不能不挣钱。"杨成心里有数了，就说："那就一百二吧，我拿十个。但是有个条件，过两天你碰到从南疆来的朋友都领到我这里来。"巴郎爽快地点头。杨成又抬头对正在低头想事的王哥说："王哥,我这没有雕玉的顾客,干脆先买点石头,你不介意吧?"王哥笑着点头表示不介意。

第二天,杨成兴奋地把石头摆进玻璃柜台,才发现籽料真的太小了,十个籽料摆在青色的玻璃上面,简直就是点缀,一点儿也不招眼。杨成立刻包起籽料朝大厅的另一行柜台走去,那里有包装盒子和布料。最终,杨成花十元买了一个托盘,托盘用黑色金丝绒衬底。虽然心疼钱,但是石头摆进去确实炫目起来,不仅显白,还显大。一直到晚上,杨成才想起自己今天还滴水未进。把那托盘摆到柜台上面后,他竟然盘玩了一整天而忘记了吃喝。王哥也没过来看他的玉,估计心里已经不爽了。杨成暗自庆幸没有选择与王哥挨得很近的柜台。

下班前,一个小姑娘溜达进来,然后直奔王哥的柜台,问有没有适合做戒面的籽料,看起来和王哥比较熟。王哥的生意是越做越大,料子也越买越大了,小籽料确实不多,加上他今天没进货,更没有什么戒面。两人寒暄了几句后，小姑娘踱到了杨成这里，问他："新来的吧？"杨成好奇地看着她，问："你怎么知道？"小姑娘笑了起来："哈哈，我是地矿局的，每天没事就来这里啊。让我看看你的石头。"两人岁数相仿，也就边看边聊了起来。最后，小姑娘看上了其中最小但形状最好的那个，对杨成说："我是老顾客了，又是地矿局的，咱们就不砍价了吧。"杨成傻眼了，下意识地看向王哥，王哥笑着走过来介绍："小梁是地矿局的会计，她爸是搞地质的，最喜欢收藏玉石了。她家以前就是和田的，这种小石子她存了几罐子呢。你就让她自己报价吧。"小姑娘报了一百五，杨成也不好说什么就卖给她了。

　　不管怎么说，一个石子已经把一个月的柜台租金赚回来了。杨成心里有了底，心情也好起来。第三天上班时，他有模有样地把那个玻璃罐头瓶子拿上，还带上了另外几个房客买的报纸。把石头摆进托盘放到柜台里，杨成喝着开水读起了报纸，有时候还学王哥在手里掂个石子，找王哥说的那种压手的感觉。这段时间，报纸上刊登的仍是股票，满眼的红色。杨成想起了几个月前在火车上遇到的那对年轻夫妇，不知道他们赚到多少了。看报纸上的介绍，好像这东西还会一直涨上去。他忍不住和王哥讨论起来。王哥给他讲了几个更离奇的故事，还说起这个大厅里的很多摊主，因为炒股挣钱不做玉石买卖了。杨成忍不住问王哥："为啥你不去买呢？"王哥淡定地说："大家都赚了，赚谁的钱？赚什么钱？"

赚谁的钱？杨成想了好久。没想明白之前，他带着问题读了几十份报纸，还在讨论中认识了大厅里几乎所有的店家。也是托股市飙升的福气，顾客基本都是炒股挣钱的主，杨成在这两个多月赚了七八千，柜台里还剩了二三十块小石头籽料。

杨成开始琢磨租下大厅的一个角，打上隔断做自己的店的时候，股市开始狂跌。大厅那个角是天然的一个店面，只需要租下三节柜台打个隔断就可以形成店面，但很多人嫌那里偏僻、是死角。杨成把那里和外面的门面比较了一下，觉得一个月九十真的不多，还能躲开王哥的视线，就果断一次性交了一年的钱，又用两百元打了隔断，做了门脸，不过他没有起名字。一来碍于王哥的面子，不好说自己实际上是专门来卖玉的；二来也想等有钱了弄个气派点儿的门头；三来想起个有文化的名字。

剩下的就是进货了。杨成每天在店里掂着石子伸着脖子等巴郎。门外有人的柜台还是没几家，偶尔有顾客路过，杨成都会喊一声，请人进来看看。杨成依旧没有装修，不过几个托盘上摆满了小白籽料，还有一些巴郎顺带着拿来的青玉疙瘩。这个东西在小院里几乎没有人买，但是杨成为了摆满柜台就图便宜捡了些密度高的摆着。真正赚钱的还是白玉籽料，而且基本都是羊脂玉。巴郎们也都琢磨出来杨成和王哥的关系了，总是跑到杨成这儿与他聊天，听杨成给他们讲《山海经》和《三国演义》，人气一旺生意也好了很多。巴郎们觉得杨成和其他生意人不一样，他算是文化人。第二年，杨成已经是万元户了。

有了钱，结婚指日可待。杨成借年后休息的几天回家看父母，顺便去陈丽家提亲，他觉得陈丽是他的福星。提亲时，他只带了两千元，但是他答应丈母娘，等陈丽到了新疆以后，每月给家里寄五百元，这样的方式既适合杨成，陈丽家也有了保障。陈丽家盘算着，陈丽从毕业到现在还没找到工作，就算找到，一个月也拿不到五百的工资啊，于是都劝陈丽，让她跟杨成去新疆。杨成觉得自己真的成了生意人。

这次回家，杨成只匆匆忙忙待了五天，直到返程那天，杨成的父母都不能理解为什么他明明学了三年雕工，不靠雕玉的技术挣钱，却靠卖石头挣钱。杨成的父亲送他出门时叮嘱他一定要靠自己的手艺吃饭，杨成没说话，他觉得自己脚底下轻飘飘的，他也不知道为什么离开了新疆就难以解释为什么新疆的石头没有人雕。在新疆的时候，他只图卖得高兴，何况他对自己的雕工也不太自信。回到河南，放眼整个玉市场，全都是雕件，他也很难说清楚其中缘由。临回新疆前，他去看望师傅。本来他还想向师傅请教，可是这几个月的经历让他觉得，他和师傅聊不到一起了。师傅还在找南阳玉、岫玉雕白菜、罗汉、佛，嘴里念叨的仍是玉要雕得越精细越好，越复杂越有说头、越值钱，仿佛从来不知道还有卖籽料这样的说法。他在师傅家看了半天，挑了块造型比较精致的岫玉雕的罗汉买了回来。事实上，他对这些年学习手艺的青春岁月还是很不舍的，对父亲殷切的叮嘱也有一种隐隐的担忧。

有了妻子的杨成，生活也有了规律。陈丽把小店收拾得干干净净，每天都会给他送饭，和他一起分享收料的乐趣和卖出的喜悦。为了留住巴郎，陈丽不仅在饮食上特别讲究，而且还学会了煮茯茶。杨成则开始学着讲《西游记》，又给店里配置了饮水机、保险箱，还买了几个塑料凳子。总之，一切都在有序地快步前进。不知不觉中，两人发现门外开始热闹起来了，大厅里的柜台不知道什么时候已经全部租出去了，偶尔还有摊主的小孩探头探脑地进来看。

每天晚上回到小屋时，杨成都会琢磨那块泛着蜡的光泽的岫玉罗汉。岫玉"吃刀"，所以师傅喜欢用它雕比较复杂的摆件。岫玉的白和黑用好了还是非常符合罗汉气质的。有这东西伴手，杨成又把各种佛教故事津津有味地读了几遍。虽然杨成认为现在还不能把这东西摆到店里，可一种强烈的吸引力总是让杨成欲罢不能。直到有一天，杨成收了块羊脂玉的籽料，才想通这个问题。

那天，杨成正盯着门口发呆，一个巴郎进来，很神秘地对他说："有一块羊脂玉的籽料，价值两万多，只不过底下带一块浆。"杨成先问王哥看过没有，巴郎说："王哥对有杂质的玉不感兴趣。"杨成笑了，说："我是王哥的徒弟，你怎么会觉得我感兴趣呢？"巴郎说："你懂雕玉，他不懂。"这句话如同明灯让杨成豁然开朗，尤其是当他看到那块玉的时候，更明白所谓的"玉缘"是怎么回事了。那块玉和他带回来的岫玉形状几乎一样，下半部分是浆，仿佛是罗汉盘坐的座，上半部分肉质细腻，薄薄的一层皮泛着如同丝般的光泽，一看就是羊脂玉。这块玉对于王哥来说，有一半是废料，可是对杨成来说，这块玉简直是天上掉下来的宝贝。他细细地抚摸着石头，抬头惋惜地对巴郎说："可惜了，只有一半的肉，价格再降一点儿吧。"杨成拿出家里这半年所有的积蓄，第一次买了两公斤以上的籽料，于是，店里多了一个镇店之宝。

杨成把这块石头和岫玉罗汉一起送到了加工工厂，要求师傅必须尽着料做，要细致，利用好浆。师傅的工费不便宜，要了杨成六千元，这在 2000 年的乌鲁木齐也算天价了。师傅是上海工，杨成自己挑的，因为他知道上海工的线条和光是最精致的。好在加工费可以等半年后货雕好了再付。杨成告诉自己：无论多少钱，这都是老天让他必走的一步了。

有了这块羊脂玉罗汉垫底，杨成的心里就踏实了。以前雕罗汉是为了吃饭，充其量也就是为了当个手艺人。现在，雕罗汉就是为了了却一个心愿。这算不算是实现了一个理想呢？如果让杨成说说自己的理想，恐怕他也想不出其他更让自己欢喜的事了。尤其是和田羊脂玉在进入二十一世纪后开始起涨，杨成每月都能轻松赚够两人的生活费和两家老人的赡养费，日子过得很舒服。对他来说，外面的都是摊主，而他自己已经做了店主。他还悟出一个道理：用时间换空间，好货越放越值钱。好东西是不急着卖的，而摊主都是没法存货的。可以循环挣钱的都是青白或者白玉籽料，杨成不愿意上工，一来是工钱太高，尤其是和他当学徒时比，价钱真的太高了，连一只机器切出来的镯子都要二十元手工费，实在没必要。二来一旦上了工，边角料又浪费了，还是整块料子囫囵个卖利索。羊脂玉罗汉没雕好之前，杨成除了要攒工钱以外也没什么其他的压力，所以他又攒了一些料子，加上卖不掉的青玉籽料，柜台几乎摆了一层。

2001 年的元旦，杨成和陈丽租了一套小二居室，租金加暖气费每月三百元。陈丽觉得不贵，两人有了自己的空间，何况工钱也付清了。杨成找了一个好日子把那块玉罗汉请到了店里，放在专门配的座龛上，衬得罗汉神采奕奕。虽然杨成和陈丽没有存款了，但每天上班时两人都是喜气洋洋的，到了店里先打开保险柜，取出玉罗汉仔细擦拭并感叹一番，再摆上去。

年前有人问过玉罗汉的价钱，杨成随口报了十万。十万是他和陈丽2001年的奋斗目标。印象中那人又问了一句："为什么是罗汉？"杨成语塞。为什么是罗汉？因为自己带回来的样品就是罗汉？他也说不清，想了许久仍觉得只能是罗汉。

两人决定过年时不回老家了。这时候的杨成俨然成了和田玉的代言人，对老家河南的玉市场和雕工，他几乎再没提过。杨成每天在店里刻苦地学习维语，对照着报纸比画，现在他已经能写维吾尔语字母了，与客人谈价时说些基本的口语也没有什么问题。他第一次觉得自己是块学习的料，脸上也洋溢起自信。他是这个大厅唯一一个认识维吾尔语并且还会写这种字母的汉族人。巴郎向别人介绍他时的那种骄傲一直激励着他。过年他和陈丽去了北疆玩。

北疆的山都很挺拔、俊秀，伊犁的盘山路转得人头晕。即便是大雪天，仍能感受得到空中草原和林场的气势。杨成和陈丽还被朋友带着去了两个口岸，买了不少俄罗斯、哈萨克斯坦的特产。杨成靠着自己的玉知识和那块羊脂玉罗汉的故事，以及学习语言的认真劲，一路上结交了不少新的朋友，对新疆的博大也有了几分新的认识。

年后，王哥来电话说有几个在苏州做玉的老板要来新疆，问杨成愿不愿意一起接待一下。杨成对王哥一直是敬而远之的态度，但是一旦王哥有什么提议，他都会立刻应承，毕竟他是自己的领路人。做玉的大师都很神气，和他们聊过之后，杨成才知道，做玉的都已经开始按照原料的重量按克计算工费了。干了这么多年的玉买卖，杨成第一次知道这些大师都是"开物奖"的得主。一块籽料被他们随意雕一笔，价钱就可能翻几倍甚至几十倍，还有很多同样的料子，放他们那里，就能翻倍卖掉。他们穿着唐装，谈着如何给印章做防伪、如何打造品牌之类的话题。杨成觉得这些人不像手艺人，更像是大手笔的玉商。他一直以为只有新疆有人雕和田玉，现在才算开了眼，原来苏工大批量雕和田玉是有近千年历史的，最早的十六罗汉坐像就是杭州吴越国的师傅雕的。他觉得这简直是件不可思议的事，师傅怎么从来没对他们说过呢？聊完出来的时候，王哥借着酒劲，拍着杨成的肩膀说："看看吧，都是手艺人啊！"

陈丽听杨成讲完，就不停地问他："咱们那个玉罗汉如果放他们那里雕，是不是也能十万卖掉？"

"你想钱想疯了吧？他们雕不也是玉罗汉，怎么就值十万了？"

"这不一定，人家拿过奖就可以要这个钱啊。"

杨成觉得她这话也有道理。手艺活儿是最难衡量的，评价标准无非就是谁拿过奖。那个年过了之后，杨成主动和小梁联系起来。通过他们地矿局，杨成知道了玉雕大赛不仅仅只有手艺人可以参加，持宝人也可以参加，何况他打心底认为自己是参与了玉雕创作的，之前收的那块浆，如果换个人也许就给切了。他第一次为自己是手艺人出身而感到骄傲。

杨成 2001 年的主题从赚十万块钱换成了评奖。评委有地矿的专家，还有几个从内地来的名家。杨成因为手里有现成的摆件，很容易在本地作品中脱颖而出。他的和田羊脂玉带浆罗汉籽料摆件获得了当年的新疆开物奖银奖。杨成终于心想事成。金奖仍是痕都斯坦风格的本地玉器大家，对于这一点杨成是心服口服的。痕都斯坦是中亚一带的玉饰风格，薄胎镶金，极其费工，稍不留意就会毁于一旦，这种风险杨成是不敢冒的。拿了个水晶奖杯回来，杨成和陈丽请大厅里的商户一起吃了一顿烧烤，就在大厅旁边的巷子里。大家都赞叹杨成脑子活，早早准备了参赛作品。杨成赶紧借这个机会对大家，更主要的是对王哥说："其实我就是个手艺人，一直就是为了能雕玉才来的新疆，我从来就没有想过要靠卖玉过日子，学了手艺终归是要靠手艺活的。"这话也是他说给远在河南的父亲听的。

获奖之后的杨成更加愿意和人聊玉雕了，尤其是对着"镇店之宝"。至于为什么是罗汉，杨成也在不断地完善答案，比如罗汉比佛更贴近现实，更接地气；又比如十八罗汉各有性格，表现起来比佛要生动。大厅里不管谁家进了新货都会拿来和杨成讨论雕什么更好。一时间，几乎没有人愿意卖籽料了，大家都在找第二个盈利空间，希望能够大展拳脚。碰到这种情况，杨成一般不会建议他们雕罗汉，而是建议雕白菜，也叫"摆财"；或者雕葫芦，取"福禄双全"之意，最多雕个布袋罗汉。他心里清楚，罗汉的布袋里装的是拔了牙的毒蛇，但对人家就得说布袋里装的是财宝。总之，河南玉市上的那些样式基本都出现在大厅各个展柜中了。杨成有他的想法，他认为这些小生意人没文化，他们怎么能雕罗汉呢？

伴随着 2002 年的第一场雪，股市陷入僵局，大厅也陷入了经济危机。以往，游客一般在五月以后来，现在，本地玉市的常客们仿佛突然都银根紧缩。杨成经常用王哥的话给大家解释这个现象："都赚钱，赚谁的钱？可现实问题是股民都不赚钱了，卖玉的赚谁的钱？"

卖玉是要靠流动来盘活的，一旦卖不掉，收料子时就没有闲钱，加上这两年大家都欠了不少加工费，所以，大家手里都积压着货卖不掉，又没有余钱上新货。好几个手艺人都靠这个大厅养活，他们拖家带口住到院子的车库里，吃住、切料都在一间房里。杨成不愿意去看，每次去他都会想起自己的学徒生活。他更愿意去上海人那里，坐在雅致的房间里，看师傅戴着口罩、眼镜和袖套干活。还要有特别漂亮的护眼灯，要不怎么能雕得精致呢？车库里那种昏暗的灯光下，仅凭手感抛光的小姑娘面无表情，她们机械地打砂纸的感觉让石头都变得毫无感情了。随着流动资金的减少，杨成开始收杂色籽料了，其中以青玉居多，还有不少青花，甚至带石浆的杂色玉块也收，毕竟便宜。

　　僵局一直没有被打破，但是新疆旅游业突然火爆起来。城市化促使大家对新疆有了全新的认识，除了饱尝新鲜空气和新鲜牛奶、烤肉，游客还经常被大巴车拉到各个玉器店的门口。随着门面店的生意好转，来大厅批发雕件的人也多了。各家都有各家的活法，虽然游客不太经常出现在大厅，但游客的喜好直接体现在大厅里，比如干白的俄料。杨成第一次在店里见到这种料子的时候，王哥就告诉他这叫死白，因为里面含石英岩成分稍多一点儿，用肉眼就能分辨与和田玉的区别。俄料的白有点儿像打印纸或者餐巾纸那种白，放店里每天要打蜡，戴几年就显干涩了，掂手里也不够压手。和田玉的白是报纸那种白，有温润的油脂感，无论过多少年都油润有余，所以杨成一直不喜欢俄料，更不喜欢俄料那种近似咖啡色的糖沁色。和田玉的糖沁近似红糖水的颜色，且只有和田玉有籽料，俄料和青海料都是炸药炸出来的山料。杨成基本没有碰过俄料。可俄料白，最重要的是俄料便宜，和田玉开始论克卖的时候，俄料是按吨进口的，几百元就能买到一公斤。所以，大厅包括街上的门面房都把俄料跟和田玉摆在一起，大家都假装没看出区别。每天早上，杨成从大厅的门口望出去，总能看到大家都忙着用刷子在玉器上刷油或者打蜡，每个玻璃柜台里面都是白花花的一片，后来连五十元的巴玉的白镯子都摆了一柜台。

俄料的生意风生水起，而俄罗斯碧玉比和田碧玉更加水灵，加上和田碧玉产量少，所以俄罗斯碧玉迅速占领了碧玉的市场。何况如果商家刻意不提产地，顾客一般是不懂的。在杨成看来，新疆的商家还是比较老实的，他们一般不说谎，大不了就不提产地。他们至少还是有底线的。青海料跟和田玉是一个山系的，但是由于青海料的质地更像玻璃，手感轻飘飘的，商家一般也就雕个手机小挂件之类的糊弄小孩。慢慢地，大厅里的气氛好像变得不一样了，大家很少再聚到一起讨论籽料了，就连和田白玉包括那个经典的"于阗九五料"都很少有人提了。不是说大家不认可，而是大家觉得生意人又不是玩家，还不是哪个挣钱玩哪个，品质这东西是给有钱人和文化人做的。

杨成也遇到了一个尴尬的问题：他收了不少籽料，包括青花杂料，但是没有出口通道。他怀念刚来新疆开店的那两年，来的都是懂玉的，大家不用多言就能抓着或捧着一块籽料看一天，石头的每一个毛孔都在给他们诉说上亿年来的孤独，他们都懂。籽料是带皮肤的能和天地沟通的精灵。除了那块羊脂玉罗汉，他没再动过一块籽料的皮，他也不知道为什么，总觉得动刀会让他有切肤之痛。

巴郎看到外面大厅里的店家已经没钱也没心买籽料了，更是扎堆地到杨成这里来。杨成不仅收青玉疙瘩，连青花疙瘩也收。有一次，杨成花几千元收了一块青花杂料。说是青花但是只有一疙瘩白玉，而且还是在石头的尖上，其他部分有九成都是青色和黑色的，像水波纹。杨成觉得便宜，就为那一小疙瘩白玉也值，收了后就顺手放柜台上了。这时王哥来了，看到这块石头就边摸边和杨成聊天，聊了半晌对杨成说："这个石头给我吧，我看这疙瘩白不错。"这是王哥第一次向他提要求，杨成很干脆地没有加价就让给了王哥，反正他这里这种籽料多，也不在乎。他和王哥都坚守在和田籽料的阵地上，现在籽料生意不好，怎么说他俩也是同病相怜。

不同的是，杨成开始雕玉了。他选了十八块大小相仿的青玉疙瘩，准备用来雕玉罗汉。

　　"谁让我是手艺人呢，不雕罗汉干什么呢？"杨成边在石头上画样边在心里说。

　　杨成也懒得想为什么还是罗汉，何况练手的话，最顺手的就数罗汉了。在和玉友讨论的过程中，杨成对十八罗汉的性格也有了自己的认识。他让陈丽建了一个玉文化论坛，头像用的是他自己的羊脂玉罗汉的图。陈丽是大学生，能和人聊玉文化，已经开始在玉文化人 QQ 群和玉文化论坛里卖俄料了，用的基本是大厅里别家的货。她会先拍照发到 QQ 群和玉文化论坛，有人买的话，再从别家买了寄过去。即便如此忙碌，平日家里也是由陈丽支撑着。陈丽的手腕上到现在还一直戴着杨成当年在河南送她的蓝田玉镯子，黄色、透亮，蜡质明显，里面有一块白色的絮，是老式的如意镯子，细滚圆，陈丽喜欢这种艳丽又干净的感觉。她总说自己不合适太贵气的东西，喜欢一眼能看到的漂亮。杨成一直没能把玉和漂亮联系到一起，连和田玉究竟好在哪里，他也说不清楚。其实陈丽有自己的打算，卖和田玉的人，戴的玉太好的话，人家一比较就不会买你的便宜货了；戴的玉不好的话，人家会觉得你没好货，所以还不如不戴。

杨成觉得，用青玉雕罗汉最好。他认为罗汉有股精神气，那也许是人和神的中间状态吧，比人多了仙气，比神多了人味。青玉最能呈现这种感觉。有了这种想法，杨成再去看那块羊脂玉罗汉，就越看越觉得缺少点儿人味了，太精致，太脱俗。青玉雕的罗汉，就连筋骨都能雕出劲道来。杨成把这十八块石头摆在柜台上，每天闭着眼睛摸，直到把每一块石头里的经络都熟稔于心。这半年杨成几乎没离开过这些青疙瘩。

等他一睁眼，门外的大厅里几乎都成了游客的天下了。他们惊呼着冲到每个特价筐前，用得最多的词是"漂亮"，杨成甚至还听到过几个"冰种"这样的术语，实际上他们说的却是泛着玻璃光泽的青海料。杨成也很想赚钱，但也只是让陈丽在网上卖。他不能想象这些人冲进他的小店来贬低那些籽料。在杨成眼里，这些人都是没文化的。

这一年，杨成过得很清静。陈丽在网上的生意风生水起，但是晚上两人见面时从来不聊生意，也许是因为陈丽知道杨成看不上俄料，也许是实在不知道聊俄料有什么好聊的。两人也就每月清理一下账目，盼着肚子里的孩子降生。另外，他们已经准备买房了。

　　杨成每天晚上都看书。不久，他开始在青玉籽料上动笔了。那不是师傅的罗汉，也不是书里的罗汉，是杨成心里的罗汉。杨成用尽全部心神研究每一个罗汉的故事，把这些故事里的罗汉的性格落实到罗汉的每一根线条上。

　　除了参考网络上的图稿，杨成还会在每根线条上加入自己的想法。欢喜罗汉爱演说，那么法令纹要有力度，这种微笑着的演说和静态的笑是两回事。杨成不停地修改着，猜测着欢喜罗汉演说时的那种大喜，应该是不形于色的，所以不能是弥勒的笑脸；化缘的举钵罗汉举的是铁钵，所以这胳膊的线条一定要有筋骨。他化缘可不是乞讨，腰一定要有支撑，要有骨气；静坐罗汉以前是个战士，所以一定要有大力士的身段……这些罗汉修行的都是小乘佛法，和菩萨不一样，他们既要苦修，又要有仙风道骨。最难出面部线条的是长眉罗汉，网上的资料只是说他有长眉，等老了以后眉毛全都掉了，仍未修成正果，死后重新投胎，后入寺出家，终修成罗汉。可是没有更详尽的故事支撑，杨成很难猜测他的面部表情。他努力回忆他爷爷的表情，却已经想不起来了。他隐约记得，有本书上说，最亲近的人反而记不得具体的长相，因为心灵相通的感觉太深刻，所以反而淡化了五官。

到了 2003 年的夏天，罗汉的大样都打齐了。杨成把它们交给了之前的那个上海工，请他帮忙雕。工钱开到了八千，不过那师傅说，他需要两年的时间才能雕完，两年间他会陆续交货。杨成也不急，他准备去一趟和田，看看籽料到底是什么存量。店里来的巴郎越来越少了，不能守株待兔了。

这次出去，与其说是考察市场，不如说是旅游。杨成买了一辆摩托，准备当独行侠。他一路骑过库尔勒到了库车，看了中国大地上的第一个千佛洞。克孜尔千佛洞是古龟兹国时期开凿的，鸠摩罗什在这里讲经，并翻译到中原。杨成最喜欢读的就是历史了，他突然发觉自己有意识地疏忽了一件事，那就是佛教是从哪里来的，罗汉是从哪里来的？杨成在鸠摩罗什那个古铜色的雕像前站了半个上午，觉得沉思罗汉应该是鸠摩罗什这个样子的，是一种思考的精神。游客很多，杨成没待多久就继续旅行之路了，但在这之后的旅行中，他的心里多了一份沉重。当时，他听到导游说龟兹文化是吸收了很多种文化的综合体，那么翻译到中原的时候，我们理解的罗汉到底是哪里人，他应该长

什么样呢？鸠摩罗什的雕像是我们想象的吗？石窟里那些
西方三圣都是来自同一个地方的神仙吗？这些壁画年代久
远，但壁画里也有罗汉，只是形象和中原的不同，而且还
有鹿、猴子和大象这些动物出现在壁画里。由此推断，各
个地方故事里的罗汉是有些不同的。

　　欣赏完秋天的胡杨林，再穿过沙漠公路来到喀什已经
是十天以后了。这里的山不似北疆的挺拔，而是像敦实的
没有山头的城墙，一排排，远远地错层排列着，有多少层
也看不透，很厚的感觉。碰到阴天，所有的山都会变成铁
青色的，看不到一棵树，好像连草也看不到了；沟壑如同
烧化的铁，又如同刚出模的铁块，还在熔化中便已经露出
狰狞的面目。每次杨成停下来远远望去，都会想这一定是
传说中的魔界，温润的和田玉一定是被这道城墙守护着的。
到了叶城，所见都是内地车牌，自驾的车友们聚在零公里
处，等待一声令下后集体朝西藏出发。零公里的大门上是
余秋雨题的字，杨成知道这人是个文化人。路旁是一排排
的玉店。这里产玉，但是玉店里没有什么好料子，店主和
玉都来自全国各地。旁边是藏文化一条街，偶有新疆籽料
也是天价。不过这些朝西藏出发的人们的热情和这里的神

圣感，完全可以支撑这些市场。

穿过高原上的城墙山，终于到了和田。在石头巴扎上，巴郎们带着杨成参观了一圈。杨成发现，再没有比羊脂玉罗汉更好的籽料了，这里大多是山料放滚筒里滚出来再做假皮的假籽。市场上有不少来自江浙的老板，据说稍微好点的料子都直接送到他们住的酒店里去了。玉店里都是俄料和青海料，要不就是"油炸鬼"。杨成实在不愿意看那些人工上色的假皮子，便要求巴郎带他去沙漠和水库泄洪区，还往黑山方向跑了几天，找传说中的羊脂玉籽料的源头。之后又参观了被挖过几十遍的古河道。站在古河道边，杨成觉得他的心也和这河道一样遍布疮痍。他不死心，又去找山料。绕过且末、若羌，到了昆仑山脉，见识了高山上千年前的玉矿，杨成想哭的心都有了。那座高山上的凭借人力撬开的山石，不知道把多少冤魂留在了上面。这里是新疆最好的山料产地，玉质细腻，颜色饱满，黄口料的黄色一点也不浮夸，像是一轮月光；糖色透着甜劲；白的也如糯米糍粑一样没有结构。杨成听说过很多关于"帕米尔天柱"的传说，这一刻他信了，只有这玉才能做天柱的基座，只有天柱倒塌的时候才会有这么多籽料散落人间。

玉见

　　如今这里的山料全凭炸药炸，毁的不仅仅是山和植被。高原上的山和可可西里连在一起，凶险但又充满了生命力。这里原本随处都能看到野生动物，是处人迹罕至的净土，可惜现在都被人为破坏了。

　　心情沉重的杨成返回时走的还是喀什线，并打算从喀什坐飞机回去。他不愿意带着这种心情重走一遍南疆。回来之前，杨成把摩托送给了一个巴郎。巴郎为了表示感谢，带他去了阿图什，就在喀什附近几十公里处。这座位于高原上的山沟里的小城曾经是个"小香港"，当地人以会做生意著称。他们基本实现了温州人的理性经济，从不缺斤短两，讲究公道和互惠。附近有一个口岸，杨成想买点吉尔吉斯斯坦的特产回去送人，就请巴郎带他去那里转了转。和海关的武警聊天时，杨成向他打听还有什么东西可以拿回去卖。可惜，这里除了蓝莓酱就是蜂蜜，茶叶和烟的质量也一般。武警小伙子笑着对他说："连阿图什人都不打算卖这些，你们还是放弃吧。"末了，小伙子遥遥指了指北边，"你没事可以去霍尔果斯或者阿拉山口看看，那里的玉都是成吨进的，简直就是矿石价。"杨成默默地看向北边，那城墙似的山垛挡住了他的视线。回喀什的路上，巴郎带他去了一片神秘的废墟，对他说："这个地方我不适合去，你自己走过去看看吧。"杨成意识到这是一处佛教遗址。远看几乎看不到建筑的痕迹，走近了才隐约能看到佛塔、佛龛和寺庙的院墙。因为去过吐鲁番的交河故城，所以杨成能猜度出一点儿。最让他惊讶的是，土堆样的塔上还能依稀辨认出土块似的佛形小件。虽然这里沙尘漫天，但依旧能感受到晨钟暮鼓的庄严。他问巴郎，怎么没人保护这块地方，巴郎说："没有人会去破坏的，对坏人来说，这里没有值钱的东西；对好人来说，他们只会敬重这里。"不在乎两千年的风雨把一切都变成了泥土本来的样子，杨成觉得这里比克孜尔千佛洞还要庄严、肃穆。

回到喀什，巴郎用摩托带他去了沙漠腹地一个神秘的果园。周围都是沙地，唯有这片果树上缀着一个个青绿色的葫芦状果子，像是金光闪闪的小沙弥。杨成忍不住摘了一个，一口咬下去之后，他发现这果子很硬。巴郎见状笑了，喊来果园主人，杨成才知道这就是新疆土梨，也很可能就是《西游记》里描写的人参果。果园主人介绍说，这种梨在树上挂一夏天都不会变软，等某天突然熟了，掉到地上的只有一滩水。他们一般会把合适的果子摘下来放几天，熟了再吃。由于果子难以保管和运输，加上产量小，所以外地人很难吃到。市场上偶有几个，也是不良商家用硫黄熏熟的。杨成尝了放熟的"人参果"，果然味道鲜美、清香，直入心脾。杨成发现，原来历史上的那些东西不只是传说，今天他有幸遇见了传说中千年开花，在树上挂千年不熟的"人参果"，那么罗汉呢？传说中的罗汉是不是真的存在呢？罗汉到底长什么样？

飞机从喀什飞到乌鲁木齐也就两个小时。在这两个小时里，杨成一直趴在舷窗边找自己去时的足迹。巨大的盆地，一条条城墙似的山脉，巍峨的天山，赤红的火焰山，以及乌鲁木齐的高楼。

回到家，杨成把装着梨的箱子放到阳台上后，第一件事就是给前年认识在北疆口岸工作的几个朋友打电话，问询批发石头的大户的情况，并最终找到了两个大户的电话。让杨成不理解的是，这两人都很冷淡，即便他明确表示自己想买大量的料子，人家也没有表示出什么态度。他了解到其中一个老板是镇平人，便把王哥叫上，一起攒了个饭局。这个老板姓李，根基在镇平，听说那里有一条小街都是他家的。李老板在新疆只有一个门面，店里都是贵重展品，用他的话说，是真正的和田玉，几乎都不卖。杨成从聊天中得知李老板进了大批量的俄料，甚至还贷了款买，话中隐约透露出他和国内十几个同样规模的大业主囤了大批量的俄料和青海料。出于对老乡的扶持，李老板留了一句话："等鉴定证书上所有料子都叫和田玉的时候，看你们这些讲文化的人到哪里讲道理去。不要和我谈文化，就凭被你们收藏起来的那几块和田玉，中国的玉文化早没影子了，到哪挣钱去？"这个饭局简直是搅局，没找到合适的进货渠道不说，还搅乱了王哥和杨成的心。

之后的那几天，两人一直待在一起分析这件事。两人最后分析出来的结论是：这些囤积了大量俄料和青海料的老板一定知道鉴定标准将会把俄料和青海料统一称为和田玉。这个结论让杨成和王哥在之后的生意上"分道扬镳"了。

王哥认为，有了这样的鉴定结果，市场上山料的价格一定会被俄料和青海料带着一路走跌，而和田籽料是比较稀少的，一定会继续升值，所以应该抓紧时间收购籽料跟和田料。杨成认为，既然提前知道消息，应该趁俄料和青海料还是白菜价，多收购一些俄料。两人明确的不同取向反而使得他们的关系隐隐更进了一步，似乎形成了背靠背的同盟军。

杨成不打算买房了。他打算大量收购俄料雕件，尤其是小挂件和手镯。俄料的成本是和田山料的十分之一左右，所以他收购的资金还算充裕。

之前一直在雕的罗汉，也陆续雕出来了。杨成的策略还是把好货留下，不太中意的就变现了，重新选料让师傅雕。很快，家里的保险箱都满了，柜台里也摆满了俄料的挂件。如果进来的顾客有什么疑问，陈丽就会指指开物奖的奖杯，这在这个院子里可是独一无二的。陈丽每天忙着进货盘点的时候，杨成就在摩挲他的青玉罗汉。他期待着俄料转正的那天，他知道房子终归会有的。

王哥天天在找羊脂玉籽料，他当年卖掉的那串"天地皮"手链，听说在库尔勒出现过，有人出价六十万也没买上。王哥嘲笑自己是捡了芝麻丢了西瓜，并表示在这次的市场变动中他可坚决不能再丢掉机会了。

忙了几天，杨成才想起箱子里的土梨。陈丽已经给土梨配上精美的包装，两个一组作为"人参果"分送给十几个老顾客了。都是文化人，过节也不知道送什么好，正好这东西有文化底蕴，又是纯天然的，送礼再合适不过了。陈丽说自己都不舍得吃，吃了多可惜啊。

暴风雨来之前总是静得出奇。

杨成每天都靠在店角的保险柜上，一边品着茶，一边咂着嘴摩挲他的青玉疙瘩。游客多的时候他就去上海师傅那里守着，看他雕自己的罗汉。以前的他对每一根线条都极度挑剔，生怕自己不小心把罗汉误读了，这次回来后他却没指点一句，他的反常让上海师傅都感到奇怪了。杨成自己也发现，再面对这些罗汉，他的心情格外平静。他想，也许在残酷的市场面前，他对罗汉已经不再那么执着了。

就这样雕了快三年，十八罗汉终于完工。上海师傅交完最后一块罗汉就回上海了，他说现在和以前不一样了，要跟着市场走，在新疆既练不出手艺也要不上价钱，同门的师弟在上海雕俄料的观音牌子，都已经是千万富翁了，哪有不想做生意人的手艺人啊？

三年里，陈丽在街上租了门面，摆着镇店的羊脂玉罗汉，专卖俄料。这两年，俄料果然翻了好几倍。听说青海料在申请奥运会奖牌后，她又收了几吨青海料。陈丽还在后面的师范大学附近买了房子，方便孩子上幼儿园，又在地下室放满了她买的青海料。对于学校的安全，陈丽还是比较放心的。杨成也喜欢穿梭在学校里的感觉，他甚至幻想老了以后可以在校园里看年轻的学生们读书。不过，如果有学生和他聊天，他该聊点什么呢？

陈丽租的门面豪华气派，杨成的店里抽掉了耀眼的俄料，没有了人气，只剩下十八罗汉和那些青玉疙瘩，以及墙角的保险柜里放着的几块青白玉籽料和白玉籽料。他倒也乐得清闲，每天到店里第一件事就是给十八罗汉挨个开光。所谓开光，就是拿布使劲地擦一遍。本来，新疆和田玉籽料的特点就是油润，青玉的密度可以说是相当的好，颜色又衬油，天长日久，罗汉的眼神都不一样了，脸上的线条也越来越柔和，衣角仿佛都能飘动起来。这一天，杨成照例给罗汉开光。还没开完，他听到门口有脚步声，抬头一看，见一个生人走了进来。以杨成这些年看人的眼力，他认为此人属于打酱油的，何况这么早来转市场的往往不是买玉的主，便淡淡地问了一声："看玉吗？"那人也不理睬，看了一眼在柜台上一字摆开的罗汉，数了数，说："哟，难得啊。"杨成淡淡一笑，继续埋头擦拭。那人问了一句："你这里还有些什么料子啊？"杨成连头也没抬，提起柜台底下的脚，指了指柜台外面地上放着的一堆堆青玉籽料，说："白玉的也有几块，在保险柜里。"那是杨成准备雕罗汉的，但是由于籽形不合适，又看不上眼，就扔店里了。当然，都是清一色和田籽料。那人也不恼，反而一屁股坐下了，说："保险柜打开让我看看吧？"杨成放下手中的布朝保险柜走去，用余光瞟了一眼那人，见他正低着头仔细地瞅着罗汉，便从保险柜里随便拿了一块白玉籽料过去。那人看了一眼，抬头认真地对杨成说："是籽料，还有多少？"杨成突然感觉不对，就老实说："有那么几块吧。"他心里盘算着：这都是我淘汰的垃圾呢。那人站起来，从口袋里掏出一张纸片递给杨成，说："下午四点把你店里的这些罗汉和籽料一起带到这个地方，到了谈价钱，保证不会亏你的。"

　　杨成收了纸片，却没看。他望着那人的背影琢磨：没带手机，没带包，没穿西装，甚至没穿皮鞋，到底是怎么回事呢？他马上关了门去找隔壁的小李子。小李子是杨成的同行，是杨成认识的人里最魁梧的一个，怎么看都不像是做玉的，倒像是搬玉的。杨成的心里有好多疑问，最大的问题是玉的安全及如何报价，这两样都促使他不得不找小李子来合计。小李子倒也痛快，这种离奇的开头往往预示着一个离奇的结局，他这么些年一直都只是个听故事的人，难得自己可以介入一次。但他也知道里面的风险，便和杨成商量："既然他也没仔细看你的存货，那么把我的那个虎皮也算进去如何？"杨成知道那个虎皮，因为密度低，虽然颜色是虎皮，但是渗得太深，里面的白结构比较大，放了很久都没有出手。这还是前两年小李子花了两万多进的，当时两个巴郎抱着它满市场转，所以大家都知道底数，小李子很难出手。杨成问他："你打算报多少呢？"小李子也很利索："当然不能单独报了，我给你算四万，你自己合计到总数里去吧。"杨成想这事还不知道最后能不能成呢，先找个保镖最重要，于是同意了。

回到自己的店里，杨成发现要做的事有很多，于是抓紧时间先盘点了一遍：十八罗汉、十一块青玉疙瘩、四块青白玉籽料、两块白玉籽料，一共一百多公斤。这些玉的进价加手工费再刨去时间成本是九十多万，套上那个以时间换空间的经典理论，现在卖两百万算是不亏。再加上那块四万的白玉虎皮，成本就算两百零四万。那么，如果能卖到两百八十万就是赚了。当然，报价还要更高一点，报三百八十万吧，即便最后真是两百万卖了，也算是用这些垃圾货盘活了自己的资产呢。杨成在心里盘算着，不觉已是中午了。

小李子倒是没有迟到，早早出现在杨成店里。他还换了一身黑衣，像是认真地做过准备了。杨成见他手里抱着那块三公斤多的虎皮，忍不住笑了："这么认真干吗？"小李子说："你倒是不认真，还列着账本啊。再说了，保镖可不是随便谁都能当的。"两人用尽了两家店里所有的纸壳子、箱子、包装布，用了一个多小时才把石头都装进杨成的车。这种事还真不能打车，这么多玉还没送到买家那儿，就先被出租车打劫了，那可怎么好呢？再说，装车就花了这么久的时间，出租车司机可没这耐心。两人边表扬自己边慢慢装着，直到三点多才装完。这时，杨成才恍然发现自己竟然没吃饭。算了，先找路要紧，不能再耽搁了。

沿着外环，车子开到了一个以前他常来的路口——红山路。红山路是乌鲁木齐比较繁华的美食街，杨成和小李子常来，可是之前来的时候，两人都没注意到这里竟然有这么多条巷子。每条巷子都有名字，很醒目。进了巷子，杨成发现这里真是个闹中取静的好地方。这里坐落于小山坡上，附近没有高层的遮挡，没有繁闹的店面，几个院子门前看起来都安安静静的。四点前，两人把车停在了写着福字的黑色木门前。好好端详了一会儿后，杨成率先打破了沉默。

"小李子，咱俩也算是经历了一把的弟兄。"

"真是的，说实话，为了一两万不值得，不过咱们做玉的不经历这么一次好像还挺不像那么回事儿的。"

有点悲壮地等到了四点，两人下车锁好车后空手去敲门，早上去杨成店里的那个男子开了门，语气淡淡地说："来了。"又抬眼看了看车，说，"我们一起把东西搬进来吧。"杨成和小李子商量过了，东西不能搬进去，一旦搬了就没法谈价钱了，再说，一旦进去人身安全也难说。于是两人很客气地说："能不能在车上看，谈好价钱再搬？"

那男子沉思了一会儿，说："你们等一下。"说完折身往回走，穿过长满格桑花的庭院进了屋。过了一会儿，那男子又走出来，身后还有个看起来和他一样低调的人。两人都是四五十岁的样子，气宇轩昂说不上，但是确实有股精神气。小李子嘀咕了一句，"有点像打太极的老汉。"

两人走出来，和杨成握了握手，说："那就看看吧。"

杨成打开后备厢，两人看了看那些青玉疙瘩，又到后座门旁边看了看青白玉籽料和白玉籽料，最后打开了装着罗汉的包袱。这两人确实是行家，他们把玉拿到太阳光下，远远地伸着胳膊，斜四十度左右，转了几下就看懂了一块玉。杨成和小李子心里有数了，这都是玩玉的，不用担心了。

果然，看完玉之后，先前那人说："报个总价吧。"杨成报了三百五十万，至于为什么没按原计划报三百八十万，杨成自己也说不清。也许是都懂玉，一定也懂市场，也许是一种惺惺相惜吧。反正不等他后悔，就听到后面出来的那个人说："三百万吧，现在就给你打到卡上。"

杨成没有什么可犹豫的，也没听到小李子吭声，就和大家一起往院子里搬玉了。杨成小心翼翼地搬着罗汉。这个精细，碰不得。其他没有雕过的籽料，千万年来一直都是磕磕碰碰来的，也不在这一两下子。先前那人和杨成一起搬并给他指点道路，后面那人空着手给一个秘书似的人打电话，让其准备三百万，一会儿打到杨成的卡上。杨成忙不迭地想自己到底带卡了没有。

进了门，只见屋里一色的红木家具。先前那人随手将玉放到一张大木头案几上，杨成忙跟了过去。那木头是一个巨大的剖面，半圆，平面在上，下面掏空留出两侧形成桌子腿，木纹细腻，原皮原样，没有刷油漆，连树皮也没有剥，但摆在客厅中间显得很气派，甚至压过了那些精雕细刻的红木家具。杨成放下玉，忍不住顺手摸了一把桌面，又不由得感叹，这样的木头真难得啊。

"卡号。"

杨成这才想起来，刚才他还一路纠结有没有带卡的问题，于是赶紧打电话让老婆把卡号报给他，他再用短信把卡号转发给老板。这样的话，他还能要到老板的电话号码。结果，老板让他把卡号直接转发给出纳。

小李子在外面紧张得直跺脚，直到看见杨成出来才放心。两人又来回折腾了几趟，终于把东西都搬进去了。杨成把包着十八罗汉的包装去掉，把它们齐齐地摆在案几上。看着罗汉们好像终于找到了自己的榻一样，该站的站着，该坐的坐着，杨成突然觉得自己亏待了它们。

这时，手机短信响了——三百万到账了。

就这样了。杨成想，他还没有介绍这些罗汉，怎么就该说再见了呢？

那一条条线条就这样离他而去了。

就这样了。

回到店里，小李子绘声绘色地给大家讲什么叫低调，杨成却守着空荡荡的店不想说一句话。

大家开始揣测这人为什么要买这么多籽料，有人说是雅贿，有人说是收藏，还有人说是为了填家具的空当。整个院子都因这个话题热闹起来，有些老板甚至已经开始琢磨风水了。

杨成给小李子付了四万，当晚又请所有到场庆贺的同行一起去吃了烧烤。去吃烧烤前，他还到小西门天桥下那家凉皮店吃了一份凉皮。老板娘还是笑嘻嘻的，除了卖凉皮，现在还卖椒麻鸡了，看起来心满意足。不同的是，凉皮已经开始用机器做了，由批发商每天送货，味道当然不如从前了。

他不想回家，空荡荡的店也让他心里很不安。三百万是他的第一桶金，他非但没有兴奋，反而很失落。他还要听听其他同行怎么想。

烧烤当然要有酒。一顿激情四射的热闹之后，大家突然冷场了。干了这么多年的玉买卖，院子里还第一次听说有这种买卖，以后再有也不知道要到哪年了。后来，每当有人专程跑去听杨成的十八罗汉的故事时，杨成都会在末尾加一句："手艺人啊，给他人作嫁衣。"

杨成再也不想雕十八罗汉了，原因只有他明白。原料越来越难找是一个方面，凑齐这么均匀的十八块籽料，在今天看来几乎是不可能了；雕工开价每块八千，其中还不算杨成自己动手设计、抛光。这些都好说，最关键的是杨成不愿意自己用心设计的十八罗汉眨眼间全是别人的了。那每一条线条他都摩挲了千万次，线条柔软得仿佛可以随光流动，怎么眨眼就没了呢？杨成开始憎恶自己，三百万能干什么？现在想买块籽料不都得碰运气了吗？一次运气要靠多少次好运气才能换回来啊？他觉得这是个很不划算的买卖，根源是主动权不在自己这边。买料子靠巴郎，卖罗汉靠运气，自己成了其中的苦力，费尽心思，小心周全，最后换了个辛苦钱而已。这么分析下去，杨成觉得自己简直是白辛苦一场。哪里是生意人，简直连手艺人都不如啊。

回家和陈丽聊，陈丽却不以为然："当年你赤手空拳来新疆，现在不也赚成百万富翁了？而且家里还存着一堆好料子呢。现在守着这么多白玉籽料，卡上还有三百万，你竟然开始矫情了。"

杨成懒得再说下去，睡觉前咕哝了一句："你觉得他们为什么要买这些疙瘩呢？"

"投资呗！"陈丽说了一句洋词，"难道你以为是你雕得好？"

"投资！对！"

杨成突然明白了，那人的平房、院子、家具……每样都突然从他脑海中跳了出来。如此，贴上投资的标签是最合适不过的了！

酒意全无的杨成开始上网查"投资"这个词。网上最多的是小企业的广告。这些企业融资的小把戏，他在镇平见得多了。过滤掉这些垃圾信息之后，杨成总结出来一个道理：便宜买，等涨起来再高价卖就叫投资，比如房子，比如俄料……这时候的股票又开始涨了，但是杨成总觉得这东西连个纸片都没有，不如石头踏实。毕竟他也认识那些年买股票的人，亏本之后有七八年没听他们再提股票了。

杨成把三百万分了一半给陈丽，让她用来买青海料，又用几十万交了一套别墅的首付，剩下的放在手里，准备再买一两块籽料。其他的都很容易，陈丽用了几天时间就把青海料全部买好放地下室了，至于别墅，两人去石人沟看过一次就预订了，唯有籽料难得。王哥已经关门回家了，杨成决定去拜访一下。

王哥住在一栋破旧的老楼里，一梯三户，他买下了一层，中间那套被他专门用来放玉。哥俩喝了几杯后，杨成才知道王哥以前是历史老师，出于对历史的偏执来到新疆，他一直很疑惑为什么和田玉能出现在人类历史的早期。他来这里有二三十年了，因为和田玉，他才有资本让老婆孩子投资移民到国外，他自己却舍不下这些玉，打算终老于此了。提起这些年的经历，王哥总结了一句话：从文化人变成了生意人。对于现在的雕工，王哥也有自己的理解。他给杨成讲了一个简单的道理："还记得我从你那里盘来的青花玉籽料吧？那一疙瘩白，我把石头竖起来看就是寿星的额头，用核桃油盘了几个月，那点儿白已经氧化泛了红皮，'鸿运当头'啊，青花的水波纹是寿星的衣服，你想想！"王哥说着，在电脑上打开一个淘宝店铺，那块石头赫然成了镇店之宝。杨成惊呆了，这么形象的寿星自己怎么没注意呢？"你？你是手艺人出身！你眼里只有玉质啊。"王哥指了指电脑说，"记得我是几千拿的吧？我可是十八万卖给了这个林老太太的啊。不是我暴利，是这东西值！从古到今，你再找一个出来看看！白玉的脸，红皮的额头，青花的大裳，四色青花鸿运当头的寿星，你再找一个看看！你别说开物奖，除了天工，历史上任何一个古件也雕不出来这种感觉啊。"

找不到的。每一块籽料都是唯一的，不一定非要像什么，它就是它，人能做的只能是去理解它、感受它。杨成看着屏幕，想到了自己的十八罗汉。长眉罗汉是不是应该长这个样？他突然分不清了，他只记得罗汉的笑，有的藏在心里，有的在脸上，有的在眼里，只是笑，没有五官。他隐约听到王哥说："那些年打了镯子做了摆件的料子，可怜啊！"

可怜啊！杨成想起当年市场上流行用籽料打镯子，为了证明是用籽料做的，还会在边上留一点儿皮。简直是可怜啊！

杨成依然每天在店里盘石头。他仍习惯性地掂着、摩挲着，找石头的经络。他能清楚地摸到籽料的"腰"，那里是最细腻的地方；石头的"头"，一般是尖的；一路磕磕碰碰的，"身上"总有一些碰口和粗毛孔，有的带着浆，有的还带着裂痕。那都是伤口，是故事。这样看，加工俄料就如在家切从市场上买回来的精育出来的瘦肉，而在籽料上动刀，简直就如活剥玳瑁般残忍。杨成觉得王哥是对的，守着这些宝贝心里才踏实。

一眨眼，这个店开了也有十年了，杨成一直没有挂门头。2008 年那会儿，股市狂跌，但是旅游业火爆，陈丽的门店做游客生意赚了不少钱。她已经把别墅装修好了，屋里摆的也是红木家具。陈丽对杨成说，她要学投资。而杨成仍坚守着他的小店。他每天都会打扫店里，但尘土味依然很大。店里一直备着一把躺椅，几个木凳。杨成怕自己一关门，老巴郎们就找不到地方了。

每天都有托着一盘假皮色石头的人来问他要不要和田玉，杨成连头也不抬。他不忍心看那些在化学染料里煮出来的石头，只有阎王爷的酷刑才会是这样的。即便是获得全国各种奖项的石头，也有那种鲜艳又生硬的红色。杨成对这些石头和它们的主人满怀同情和怜悯，可怜啊！

2008 年左右，陈丽和她的玉友们发现北疆有一种石英石，当地人给它冠上了玉的名头，叫戈壁玉。不仅请来了名家做研究，政府还出钱打造了评估标准。陈丽迅速和同学们一起融资，到内地开了大批的石英石矿，然后做成珠串、挂件甚至摆件。在新疆打一颗珠子，工费要三元左右，而在内地石英岩的产地，连工费带料钱一共才几角钱。加工好以后又全部拉到新疆，从新修的友好汽配城玉器批发点流散到北疆各个旅游景点。可以说，这些石英石搭上了当地政府吹的东风，摇身变成了玉，陈丽她们也顺利地实现了又一次投资。

2014年股市上涨，杨成和陈丽的手里一点儿闲钱也没有了。杨成的钱都用来买石头籽料了，放了快十年，几乎没怎么卖，陈丽的钱做了投资。她说玉市场的热乎劲过去了，现在的游客都知道俄料和青海料，鉴定证书一点作用都不起了。玉当然是最好的投资，但是找不到籽料了，人总要干点儿什么，于是她报了一个经理人学习班，听说学的都是文化、礼仪和茶道，是陈丽应酬时用得最多的。杨成不喜欢和她们凑热闹，尤其是大家伸手拿茶杯时，他不愿意让别人看到他的指甲。他食指上那半个厚厚的指甲总会成为一整晚的话题。他更愿意一个人喝茶，或者把儿子叫到跟前给他讲故事，告诉他一定要相信那远看不见的故事，而故事里的每个人都是真的存在过的。他希望儿子能成为真正的文化人，那么他给儿子留的籽料就是最无价的财富了。

这些年，有了俄料和青海料的货源，地矿局附近大大小小的楼都变成了白玉楼，连附近的书城都在显眼的地方摆上了各种鉴宝书，还都是精装本。古玉拍卖声在电视里此起彼伏，电视购物频道里每天都在卖和田玉。

2015年，股市涨得更厉害了。杨成从店里往外看，见大厅里又多了不少的空柜台，替代进来的都是卖琥珀、手串、崖柏的，基本都是大学刚毕业的小姑娘，有的还是玉雕专业毕业的，都坐在柜台里绣十字绣或者看微信。听说她们的买卖都在朋友圈里做。偶尔，她们也会到杨成的店里来看看，似乎很奇怪怎么会有这么个只有十几块青石头的店。杨成不愿意朝门外多看一眼，每天泡壶茶，靠在躺椅上，闭着眼摩挲他的那些石头。老巴郎们来的次数越来越少了，偶尔来也都是来告别的。

大厅里多了好几家机雕的店，打印机似的"吱吱"声一天到晚地从门外传来，流水线上则生产着精美的挂牌。有一天，小姑娘们围着杨成，让他讲讲那三百万的传奇。杨成让她们先看店里摆的十几块青玉疙瘩，然后问她们："说说你们都看到了什么。"姑娘们叽叽喳喳讨论了半天，告诉杨成："应该是和田的青玉。"她们还不知道哪里说错了，就被杨成轰了出去。

2015年夏，股市暴跌。杨成的这家没有挂名字的店，在十五年后终究还是关门了。

后 记

玉就是石。

自从玉石出了昆仑，下了神坛，无论是皇宫深闺还是市井浅阁，无论是无价还是天价，瑾珇瑾瑜都被贴了人世间的草签，上书"石之美者，有五德"。

五德论价而沽。

玉石有灵，为君子比德，被世人所爱，终究还是做了饰品。

世事虚幻，熙熙攘攘的玉市，如同《山海经》里于阗浑浑泡泡的河水，潜行不周山下，又喷薄而出，难以具言。

和绝大多数人一样，对于玉市，我属于走过路过又错过的看客。原本是去研究玉文化传播，结果看了热闹，听了一堆故事，就想和人说点闲话。不是作家，也就没有什么必须要表达的，唠的只是些看客的家常，说几个前些年和玉石有关的、和卖玉人有关的、和手艺人有关的、和买玉人有关的传说，无关乎价格，也无关乎真假。

当你看那石，看到的只是石头上映照的自己。